幼儿通过他们的眼睛、声音、身体姿势、手势、特殊的习惯、微笑、跳跃、低落的情绪来跟我们进行交流,通过做事情的方法和所做的事情来告诉我们内心的想法。当我们透过充满意义的眼神看到他们的行为时,会发现这些行为是一种由内而外的表达,如果我们能很好地理解这些行为,记录他们交流的方式,会更加有助于我们对他们的理解。[①]

---

① COHEN D H, STERN V, BALABAN N. Observing and recording the behavior of young children[M]. New York: Teachers College Press, 1997: 5.

新幼师·幼儿园新入职教师规范化培训教材

幼儿典型行为观察与记录

主　编　霍力岩　高宏钰
副主编　高　游　晏　红　姚聪瑞

中国教育出版传媒集团
高等教育出版社·北京

内容提要

本书依据《幼儿园新入职教师规范化培训实施指南》中"幼儿行为观察"专题的相关任务要求编写，通过对幼儿行为观察的理论、实践进行系统设计，旨在加强幼儿园新入职教师的观察能力，解决教师开展幼儿行为观察的实践问题，同时提升教师的专业反思能力。

本书第一章介绍主动观察，包括主动观察幼儿行为的理论和实践方法。第二章介绍有目的的观察，包括设计和实施有目的的观察的理论和实践方法。第三章介绍观察结果的分析，包括在各项活动中对观察结果进行有意义分析的理论和实践方法。第四章介绍观察结果的运用，包括运用观察结果的理论和实践方法。各章均提供了有针对性的实践练习表格和反思表格，并配有二维码数字资源，可以帮助和指导教师进行实践操作和专业反思。

本书可作为幼儿园新入职教师规范化培训教材、幼儿园教师继续教育教材，也可供高等院校学前教育专业学生使用。

图书在版编目（CIP）数据

幼儿典型行为观察与记录 / 霍力岩，高宏钰主编
. --北京：高等教育出版社，2024.3
ISBN 978-7-04-060205-0

Ⅰ．①幼… Ⅱ．①霍… ②高… Ⅲ．①幼儿-行为分析-幼儿师范学校-教材 Ⅳ．①G615

中国国家版本馆CIP数据核字（2023）第039964号

YOU'ER DIANXING XINGWEI GUANCHA YU JILU

| 总策划 | 韩 筠 | 策划编辑 | 韩 筠 何 淼 | 责任编辑 | 何 淼 | 封面设计 | 裴一丹 |
| 版式设计 | 杨 树 | 责任绘图 | 杨伟露 | 责任校对 | 刘娟娟 | 责任印制 | 朱 琦 |

出版发行	高等教育出版社	咨询电话	400-810-0598
社 址	北京市西城区德外大街4号	网 址	http://www.hep.edu.cn
邮政编码	100120		http://www.hep.com.cn
印 刷	大厂益利印刷有限公司	网上订购	http://www.hepmall.com.cn
开 本	787 mm×1092 mm 1/16		http://www.hepmall.com
印 张	14.25		http://www.hepmall.cn
字 数	280千字		
插 页	1	版 次	2024 年 3 月第 1 版
购书热线	010-58581118	印 次	2024 年 3 月第 1 次印刷
		定 价	36.00元

本书如有缺页、倒页、脱页等质量问题，请到所购图书销售部门联系调换
物 料 号 60205-00

编　委　会

主任：霍力岩　韩　筠

委员（以姓氏笔画为序）：

　　　万晓定　孙蔷蔷　周立莉

　　　赵旭莹　高宏钰　彭迎春

总 序

人生百年，立于幼学，立德树人要从娃娃抓起。教师是一个光荣而神圣的职业，幼儿园教师对于儿童良好道德品行、生活态度、学习习惯、文化底蕴的养成具有重要作用，是帮助儿童"扣好人生第一粒扣子"的关键引路人。长期以来，我国广大幼儿园教师兢兢业业、奋发有为、无怨无悔，培养了一代又一代的新人，为我国未来人才素质提升打下了坚实基础，谱写了我国学前教育事业的新篇章。

党的二十大报告指出，教育、科技、人才是全面建设社会主义现代化国家的基础性、战略性支撑，要办好人民满意的教育，全面贯彻党的教育方针，落实立德树人根本任务，培养德智体美劳全面发展的社会主义建设者和接班人。"十四五"时期，我国教育进入高质量发展阶段。面对新形势、新任务、新要求，教师的能力素质还不能完全适应，党中央、国务院对教师能力素质的关注提高到前所未有的程度。从 2018 年中共中央、国务院出台的《关于全面深化新时代教师队伍建设改革的意见》，到 2019 年教育部办公厅、财政部办公厅发布的《关于做好 2019 年中小学幼儿园教师国家级培训计划组织实施工作的通知》，再到 2020 年教育部教师工作司颁布的《幼儿园新入职教师规范化培训实施指南》（以下一般简称《培训实施指南》），国家对新时代幼儿园教师队伍高质量建设既给出了高屋建瓴的指导性意见，又点明了清晰明确的发展方向、培训内容和实施路径。

习近平总书记《在哲学社会科学工作座谈会上的讲话》深刻指出："当代中国正经历着我国历史上最为广泛而深刻的社会变革，也正在进行着人类历史上最为宏大而独特的实践创新。这种前无古人的伟大实践，必将给理论创造、学术繁荣提供强大动力和广阔空间。这是一个需要理论而且一定能够产生理论的时代，这是一个需要思想而且一定能够产生思想的时代。"理论创造和实践创新相辅相成，对于我国新时代幼儿园保育、教育质量的提升至关重要。《幼儿园新入职教师规范化培训实施指南》的颁布既是高质量幼儿园教育和高质量幼儿园教师教育发展的重要标志，也是学前教育工作者奋进的新起点。作为《幼儿园新入职教师规范化培训实施指南》的研制团队，我们针对国家学前教育特别是高质量幼儿园教育、高质量幼儿园教师教育及其一体化的重大政策问题、理论问题、实践问题进行研究，不断形成新时代政策话语、理论话语和实践话语及其三位一体的优秀研究成果。我们希望通过自觉践行学前教育人的时代使命，努力在新时代生产出更多具有政策影响力、理论解释力和实践指导力的科研成果，为推动学前教育高质量发展作出贡献。"新幼师·幼儿园新入职教师规范化培训教材"即其中一个里程碑式的创新成果，是为新时代高质量幼儿园教师培训提供的创新性整体解决方案。

　　文章和为时而著，歌诗和为事而作。幼儿园教师是履行幼儿园教育教学工作的专业人员，需要经过严格的培养与培训。幼儿园新入职教师是学前教育发展的未来，他们的专业发展对于我国新时代高质量学前教育体系建设具有重要意义。作为"新幼师·幼儿园新入职教师规范化培训教材"的编写团队，我们瞄准国家学前教育中长期发展目标与重大战略需求，贯彻落实党中央和国家的相关政策要求，依据《幼儿园新入职教师规范化培训实施指南》，关切幼儿园教育与幼儿园教师教育的现实问题，积极谋划具有中国特色、中国风格、中国气派的幼儿园新入职教师规范化培训教材，构建知识体系、方法体系和课程内容体系，力求在教育现代化布局、教育高质量发展背景下形成一套"既顶天"——从幼儿园新入职教师岗位需求出发进行顶层设计，"又立地"——集理论内容、实践练习、自我反思于一体的、多种介质综合运用的、表现力丰富的新形态精品培训教材。

一、《幼儿园新入职教师规范化培训实施指南》解析

　　《培训实施指南》不仅标志着国家对幼儿园新入职教师培训进行了规范要求，同时还创造性地提出了一套教师培训理论框架和实践方法。换句话说，它不仅回应并较好解决了"一园一策"培训方案存在的效率低下、监督不足、资源匮乏等方面的问题，还针对性地、系统性地

幼儿园新入职教师规范化培训实施指南

给出了目标规范、内容规范、路径规范、评价规范的"一揽子"培训解决方案。

（一）培训目标

　　幼儿园新入职教师（以下必要时简称"新教师"）作为园所发展的新生力量，具有时代感强、可塑性强、发展潜力大等显著特点。因此，如何在新教师入职初期抓住发展的关键期，夯实其岗位胜任基础，唤醒其内生学习动力，使之尽快成为合格的初任教师，并为今后的职业发展奠定良好素质基础，是幼儿园教师培训的重中之重。《培训实施指南》中的培训目标要求培训者通过设计系统化、规范化循序进阶的培训方案，开展实践性、激励式的规范化培训，从根本上提升幼儿园新入职教师的岗位胜任力和内生学习力。为快速提升岗位胜任力、有效激发内生学习力，指南要求新教师的培训目标要解决首次上岗后所要面对的关键岗位任务和面临的真实

工作问题，并通过以区（县）教师进修学校的教练式集中体验培训、培训幼儿园（培训基地）的师徒制基地浸润培训、聘任单位幼儿园的返岗实践培训的方式，切实帮助新教师实现岗位胜任力与内生学习力的双通道提升。

（二）培训内容

《培训实施指南》聚焦于关键岗位任务，并强调培训要支持新教师胜任关键岗位任务。根据"师德为先、幼儿为本、能力为重和终身学习"的理念，指南将培训内容分为4个模块——师德修养与职业信念、幼儿研究与支持、幼儿保育与教育、教育研究与专业发展，分别对应不同的关键岗位任务。4个模块下设18个专题，分别对应教师关键岗位任务的胜任要素。18个专题又细化为52个任务要求，分别对应关键岗位任务胜任要素的典型行为表现。指南同时还强调培训要将52个任务要求以"小而精"的形式转化为可操作、可记录与可评量的具体任务，即采用具有精准引导性、渐进探究性、小巧友好性、灵活拓展性的手册式或表格式活页记录单的形式，帮助新教师聚焦于关键岗位任务，达成胜任关键岗位任务的目标。

（三）培训路径

《培训实施指南》强调唤醒新教师的主动学习动机——通过集中体验培训、基地浸润培训和返岗实践培训的"三幕戏"，以及在每幕戏中帮助教师加深专业理解、解决实际问题和提升自身经验的"三部曲"，形成目标一致、层层递进、自主进阶的"九步培训路径"，对幼儿园新教师开展为期一年的培训。集中体验培训采用"教练式培训法"，重视对关键岗位任务进行案例式与体验性培训，强调"所教即所学—所学即所用—所用都好用"；基地浸润培训采用"师徒制培训法"，重视对关键岗位任务的演练式与实战性培训，强调"实用是实练—实练是实需—实需是实得"；返岗实践培训采用"园本式培训法"，重视对关键岗位任务的落地式与反思性培训，强调"好用就挪用—挪用就巧用—巧用就常用"。

（四）培训评价

《培训实施指南》重视随行激励评价，强调"真实且友好"的"随行性和持续性"评价——通过反应层、学习层、行为层和成果层4层培训评价模型，以及随学随评、随做随评和随思随评的3步循环进阶式考核路线，帮助新教师照镜子、定靶子、找路子，帮助培训者对靶子、调路子、建模子。反应层的评价是评量新教师对培训的基本态度，即对其幸福感的评量；学习层的评价是评量新教师对培训知识的掌握程度，即对其获得感的评量；行为层的评价是评量新教师对教师教学行为的改变，即对其有为感的评量；成果层的评价是评量新教师对幼儿的积极影响，即对其成就感的评量。4层培训评价模型以及3步循环进阶式考核路线注重过程性评价、表现性评价，注重激励型的自我检核评价，其中，任务单即过程性评价、表现性评价的具体体现，激励型的自我检核评价即新教师完成一个个小目标时的自我审视和内在激励。

（五）培训条件与保障

《培训实施指南》要求整县持续推动幼儿园新入职教师培训，强调教育行政部门、专业培训团队、新教师各司其职——按照省市统筹、地市组织、整县推进的总体思路，省市教育行政部门负责规划、指导和评价，地市教育行政部门负责制订计划、实施方案和整合资源，县级教育行政部门发挥培训主体作用并实际负责与管理培训工作。专业培训团队分为集中培训团队、带教师傅团队、园所培训团队三组力量，按照实践导向原则分解培训任务，促进培训走向规范、有效且持续。新教师在培训前，进行真实的自我能力诊断，明确研修目标并制订个人研修计划；在培训中，认真学习培训内容，积极参与实践活动，及时反思学习经验；在培训后，回顾与分享培训收获，制订个人专业发展规划。整体培训工作坚持规范培训导向、岗位胜任导向、重心下移导向、模式创新导向，做到方案规范、机制规范、过程规范、评价规范和职责规范。

二、"新幼师·幼儿园新入职教师规范化培训教材"解析

（一）系列教材结构

该系列教材共6册，分别是《中华优秀传统文化融入幼儿园教育》《幼儿学习研究与支持》《幼儿典型行为观察与记录》《幼儿园教育活动计划与实施》《幼儿园区域游戏活动支持与指导》《幼儿园一日生活组织与保育》。上述6个册本是在充分调研幼儿园新入职教师真实培训需求的前提下，基于提升师德修养、发展专业能力、胜任岗位任务的原则，从18个培训专题中精心选择的。在这6个册本中，我们充分尊重幼儿园新入职教师的成长特点和发展规律，强调岗位胜任导向；体例及栏目设计遵循《培训实施指南》提出的培训路径和培训方式，但教材并非对指南的简单解读，教材中的章标题对应任务要点，节标题对应任务要求，具体内容是在指南基础上的内涵式拓展与延伸。

《中华优秀传统文化融入幼儿园教育》主要探讨适宜幼儿园教育的中华优秀传统文化，旨在帮助新时代幼儿园新教师自觉树立传承文化的意识，掌握将中华优秀传统文化融入幼儿园各种教育活动的途径与策略。《幼儿学习研究与支持》和《幼儿典型行为观察与记录》指向新时代幼儿园新教师应具备的专业素质和能力，指导他们有意识、有目的地在观察儿童、研究儿童的基础上支持儿童的学习与发展。《幼儿园教育活动计划与实施》《幼儿园区域游戏活动支持与指导》《幼儿园一日生活组织与保育》涉及幼儿园三种关键保教岗位任务，旨在帮助新教师掌握并胜任这三种关键岗位任务，运用科学的方法和适宜的策略组织儿童开展寓教于乐的教育活动。

（二）系列教材特点

本系列教材立足国家立场、基于儿童特点、尊重教育规律，为帮助新时代幼儿园新入职教师将内化的知识转化为外在的行动，表现出"所训即所学、所学即所用、所用即有用"的胜任岗位的典型行为，我们在设计和编写过程中充分重视并体现出培训规范性、练习进阶性、任务友好性、实践反思性和文化浸润性等编写特点。

1. 培训规范性

《培训实施指南》指出"幼儿园新入职教师的培训必须坚持规范导向"。教材内容坚持与培训内容保持一致，基于规范的培训目标设计规范的培训内容与培训方式，各章均涉及理论、实践、反思的培训内容，支持指南所要求的集中体验培训、基地浸润培训和返岗实践培训三步进阶的规范化培训方式。具体来说，教材在理论专题（通常是每章的第一节），通过理论讲解、案例呈现和"练一练"相结合的方式帮助新教师加深专业理解，有效支持集中体验培训阶段案例式与体验性的培训方式；在实践专题（通常是每章的第二节），采用文字或二维码的形式展示优秀课例，并以任务单的形式帮助新教师解决理论用于实践的实际工作问题，支持基地浸润培训阶段演练式与实战性的培训方式；在反思专题（通常是每章的第三节），围绕核心内容帮助新教师进行反思性思考，用"填一填"和同伴讨论等形式提升自身经验，支持返岗实践培训阶段落地式与反思性的培训方式。

2. 练习进阶性

教材遵照任务要点循序渐进的原则，逐步引导新教师对重要知识和技能进行学习和掌握，通过逐步提高练习的难度和深度的方式，帮助新教师建立知识体系和技能结构，逐步提升自身的岗位实践能力。教材将重点内容有机地分解为一系列小任务，通过"写一写""填一填""练一练"等形式将任务按照难易程度进行有序设计。此外，教材设计还注重随行激励评价。通常在章节的开始阶段，教材会提供一次"我从这里出发"的测试，旨在帮助新教师了解自身现有水平，通过前测，培训者还可以针对性地制订培训计划；在学习过程中，每个学习任务完成后都会有相应的练习小任务，这些练习可以帮助新教师巩固所学知识，并及时发现问题和不足之处；在章节的结束阶段，教材设计了"带着希望再出发"或"我走到了这里"的测试，用于新教师评价自己在学习结束时所达到的水平。通过前后测的对比，新教师能够自主了解自身水平和学习成效，这既便于新教师在后续培训中有针对性地选择学习内容，及时调整自身学习和培训进程；又便于培训者客观了解新教师的发展，建构更加适宜的培训体系。

3. 任务友好性

教材的一大亮点是为新教师提供了操作友好的任务单，帮助新教师在"学学练练"中加深专业理解、解决实际问题，提升自身经验。在教材中，重点学习目标和内容都会被细化为任务单。为了体现任务单的友好性，我们特别设计了流程提示和讨论要点框架，以清晰的语言和结构指导新教师完成特定的学习任务，理解和应用所学内容。一方面，任务单在系统化知识逻辑的基础上提供典型案例和焦点问题供讨论，其操作性特点能够帮助新教师根据自己的实际情况和需求进行学习。另一方面，任务单的灵活性特点能够帮助新教师根据自身情况选择不同的路径和方法来完成任务，支持个性化学习。此外，任务单还采用了直观的图表、示例和案例等形式，以帮助新教师更好地理解和应用所学知识。总之，教材通过提供带有提示的、可操作的任务单，为新教师提供了更便捷、更灵活的友好的学习与发展工具。

4. 实践反思性

教材注重提供基于实践情境的真实问题的反思工具，让教师能够通过反思实践不断提高自身的岗位胜任力。任务单是一种重要的反思工具，这些任务单既能帮助新教师记录和总结自己的实践经验、学习理解和思考感悟，又能帮助他们回顾自己在学习过程中的感悟、创意、疑惑和遭遇的挑战，通过填写任务单反思自己的保教行为，针对目标与内容进行自我评估与改进。例如，在《幼儿学习研究与支持》第三章第二节的任务单 S2.2.5 中，新教师可以从"教师支持幼儿的路线"和"幼儿建构知识的路线"两个方面反思教学过程，并使用"用台阶图等任一形式绘制教师与幼儿之间的互动路线图"的方式可视化地表征教学反思；与此同时，教师还可以思考自己在教学观摩活动中或在自己的教学过程中，发现的亮点、遇到的问题或改进的思考。除了任务单，教材还包括教师自主学习的任务、教育实践的建议、小组讨论框架或拓展阅读推荐等，这些导学栏目能够鼓励和支持新教师不断深化自己对教育理论和实践的理解，从而提升自身的专业素养和教育教学能力。

5. 文化浸润性

教材注重培养新教师的传统文化素养和传承文化的能力，旨在帮助新教师养成将中华优秀传统文化融入幼儿园日常教育活动的意识和能力。文化是民族的血脉，是人民的精神家园，将中华优秀传统文化融入幼儿园教育是培养"快乐学习中国娃"的基本途径和有利抓手。我们认为，中华优秀传统文化应该以唤醒、激发、熏陶和浸润等符合幼儿学习习惯和思维特点的方式融入幼儿园教育，让幼儿在一日生活各环节接触中华优秀传统文化，在感知、体验和操作中养成良好道德品质和行为习惯。因此在教材中，我们积极贯彻落实《完善中华优秀传统文化教育指导纲要》《关于实施中华优秀传统文化传承发展工程的意见》《"十四五"文化发展规划》，将中华优秀传统文化以"润物无声"的方式浸润在综合主题活动、区域游戏活动、一日生活活动、早期阅读活动的设计、组织与实施中，发挥"以文化人、文化育人"的功能。

（三）主要编写人员

我们以高标准、严要求的学术态度组建了教材编写团队。教材主编既有国内顶尖师范院校的学术领军人物，也有幼儿园教师培养一线院校的专家学者；既有国家教育科学研究机构的研究人员，又有一级一类、示范性幼儿园的园长；既有区（县）教师进修学校的骨干教研员，又有具有丰富实践经验的幼儿园特级教师。

在教材编写过程中，我们邀请专家学者、名园长、优秀一线教师和教研员深度参与，形成了立体化、多层次、实践取向的编写队伍，为落实《培训实施指南》中教练式、师徒制的培训路径，为教材内容的落地化和适切性找到了科学可行的本土化解决方案。这些专家、教师学术作风正、师德涵养高、学术功底扎实、实践技能过硬，特别重要的是具备很强的人格魅力和专业影响力。可以说，他们既是教材的编写者、创作者，同时也是新教师未来职业发展的标杆和榜样。

三、教材使用建议

本系列教材可以在不同的场景中灵活运用。下面我们将从区（县）教师进修学校的区域教师培训设计者、以高校研究者为主的理论导师和区（县）内骨干教师为主的实践导师为核心的教师培训者以及参加培训的教师（参训教师）三个角度来讨论如何使用教材。

（一）培训设计者使用

区（县）教师进修学校可以将本系列教材作为区域内系统设计幼儿园新入职教师（也可以是骨干教师）培训课程的指南和主要资源。培训设计者可以根据教材的内容制订培训计划和课程安排，确保培训活动的连贯性和系统性。教材中理论专题的练习可以作为集中体验培训中讨论活动的一部分，并结合教练式培训的特点，支持参训教师在培训过程中不断进行"学、习、思"三位一体的实践和体验；实践专题的任务单可以转化为基地浸润培训阶段和返岗实践培训阶段的研讨工具，使参训教师的研讨活动更加专业化和结构化，有效提高整个培训活动的科学性、规范性和系统性。同时，教材中反思专题的反思表格等可以用作促进参训教师反思和交流的工具，引导他们在实践中不断改进和完善教育教学行为。

（二）教师培训者使用

以高校研究者为主的理论导师和区（县）内骨干教师为主的实践导师为核心的教师培训者在使用本系列教材时，可以充分利用其中的资源作为培训内容。培训团队可以结合教材提供的理论内容、练习设计、实践案例和任务单等内容，准备专业性和针对性的培训内容，支持新教师通过集中体验培训加深专业理解，通过基地浸润培训巩固学习内容、解决实际问题，通过返岗实践培训反思教学过程、提升自身经验。培训团队还可以针对教材中的案例和问题，在集中体验培训阶段组织小组讨论和分享，或在基地浸润培训阶段将案例和问题转化为观摩活动研讨框架，促进参训教师之间高质量的互动与合作，提升培训质量。

（三）参训教师使用

幼儿园新入职教师或其他参训教师在使用本系列教材时，应从实际需求出发，灵活、合理安排学习时间和内容：第一，可以根据教材设计进行系统学习、认真练习与反思，将所学逐步运用于保育与教育实践，不断提高自身的岗位胜任力和内生学习力。第二，应充分利用教材中的反思任务单和案例分析任务单等，进行实践反思和自我评估，及时纠正错误和改进方法。第三，可以将教材当作实践解惑的工具书，特别是在返岗实践培训阶段，根据个人需求选择自己感兴趣的内容进行选择性学习或巩固性学习，灵活使用教材以解决个人在保教实践中的困惑；同时，对教材中提供的"拓展阅读"等自主学习板块，新教师应积极主动学习，以开阔自己的教育视野，提高专业素养。

关山初度尘未洗，策马扬鞭再奋蹄。我们要向成就这套教材而辛勤付出的人们表示感谢。感谢教育部对《幼儿园新入职教师规范化培训实施指南》研制团队的信任和委托，教材因此得以"生根发芽"；感谢教育部教师工作司对《幼儿园新入职教师规范化培训实施指南》研制过程的指导和帮助，教材伴随着指南研制逐渐"长出枝干"；感谢高等教育出版社的高度重视和大力支持，教材在此处获得了"肥沃土壤"。同时，还要感谢教材编写团队的卓越付出，感谢各参编园所的积极参与、配合，正是致力于幼儿园新入职教师规范化发展道路上的所有人的合力，才使得教材最终"开花结果、枝繁叶茂"，让这套教材达到了我们的最高期望。在编写过程中，我们参考了一些文献和资料，在此也一并向这些文献和资料的作者表示敬意和感谢。

我们衷心希望"新幼师·幼儿园新入职教师规范化培训教材"能够成为我国幼儿园新入职教师持续学习与专业发展道路上的"良师益友"，帮助他们获得岗位胜任力、激发内生学习力，又好又快地成为幼儿园教育教学工作的中坚力量，为培养德智体美劳全面发展的社会主义建设者和接班人作出贡献。

我国著名思想家梁启超先生在《少年中国说》中写道："天戴其苍，地履其黄。纵有千古，横有八荒。前途似海，来日方长。"新时代幼儿园教师培养培训亟待我们"勿忘昨天的苦难辉煌，无愧今天的使命担当，不负明天的伟大梦想，以史为鉴、开创未来，埋头苦干、勇毅前行"。我们欢迎志同道合的朋友们携手同行，让科学保教理念深植于每一位新时代幼儿园教师培训者、幼儿园新入职教师的心中，让具有中国特色、中国风格、中国气派的新形态精品培训教材走向世界、走向未来。

2023年12月于北京师范大学英东楼

前　言

　　《幼儿园新入职教师规范化培训实施指南》的颁布与实施，为各地幼儿园新入职教师的规范化培训工作提供了方向指引和方法参照，其中，"幼儿行为观察"是该培训实施指南中培训专题的重要组成部分。2022年，教育部印发的《幼儿园保育教育质量评估指南》明确提出，教师应"认真观察幼儿在各类活动中的行为表现并做必要记录，根据一段时间的持续观察，对幼儿的发展情况和需要做出客观全面的分析，提供有针对性地支持"。可以说，无论对于幼儿的成长来说，还是对于幼儿园教师的发展来说，幼儿园教师具备观察幼儿的能力都是至关重要的。然而，尽管观察幼儿是幼儿园教师必备的专业基本功，但是对于幼儿园新入职教师来说，这并非一件易事。这不仅是因为新教师缺乏观察的必要"经验"，更重要的是他们缺乏观察的必备"理论"。观察并不是一种随意的、视觉上的观看，而是一种渗透了理论的实践，观察幼儿需要幼儿园教师具备主动的观察意识，能够有目的地观察幼儿的典型行为表现，并在有效分析观察结果的基础上合理运用观察结果改进教育教学，从而支持幼儿的学习与发展，与此同时促进自身的专业成长。

　　本书编者基于幼儿园新入职教师在幼儿典型行为观察与记录工作中的实际问题与现实需求，结合《幼儿园新入职教师规范化培训实施指南》中"幼儿行为观察"专题的要点和任务要求，对全书进行结构和内容设计，通过四章的理论阐述、案例分析、实践操作与反思改进支持新教师加深专业理解、解决实际问题、提升自身经验。第一章是"主动观察"，旨在帮助新教师走近幼儿行为观察，理解观察的理论，明确观察的价值与特征。第二章是"有目的的观察"，旨在阐明确定观察目的、熟悉观察内容、选择观察方法的路径和策略。第三章是"观察结果的分析"，聚焦分析观察结果的基本原则与步骤，旨在帮助新教师通过分析幼儿的行为表现找到行为发生的原因，了解幼儿学习发展的水平，找到幼儿的"最近发展区"。第四章是"观察结果的运用"，鼓励新教师使用科学的方法、策略运用观察结果，支持幼儿的学习与发展，调整教育教学活动，促进自身反思成长，并实现家园沟通。

　　本书由霍力岩、高宏钰牵头主编，参与编写的还有高游、晏红、龙正渝、张晨晖、孙亚男、刘思纯。感谢各幼儿园提供的优秀案例，我们已在相关案例处给案例提供者署名了。感谢高等教育出版社何淼编辑对本书编写所提出的宝贵意见。希望本书能够对提升幼儿园新入职教师"幼儿行为观察"能力有所裨益，能够切实促进幼儿园教师专业素质提升，并为中国学前教育"增质提效"作出有益贡献。

本书编者
2023年12月

目 录

1 ▸ **第一章**
主动观察

2　　　　【我从这里出发】

2　　　　【想一想】

3　　　　【选一选】

4　　　　第一节　主动观察幼儿行为

29　　　第二节　在各种活动样态中主动观察幼儿行为

49　　　第三节　反思自身是否主动观察幼儿行为

55　　　【选一选】

55　　　【我走到了这里】

56　　　【拓展阅读】

57 ▸ **第二章**
有目的的观察

58　　　【我从这里出发】

59　　　【想一想】

60　　　【选一选】

60　　　第一节　进行有目的的观察

97　　　第二节　设计和实施有目的的观察活动

115　　　第三节　反思自身是否能够设计实施有目的的观察活动

121　　　【选一选】

121　　　【我走到了这里】

123　　　【拓展阅读】

125 **第三章**
观察结果的分析

126　　　【我从这里出发】

126　　　【想一想】

127　　　【选一选】

128　　　第一节　如何对观察结果进行有意义的分析

139　　　第二节　在各项活动中进行观察结果的分析

160　　　第三节　反思自身是否能够对观察结果进行有意义的分析

167　　　【选一选】

167　　　【我走到了这里】

168　　　【拓展阅读】

169 **第四章**
观察结果的运用

170　　　【我从这里出发】

170　　　【想一想】

171　　　【选一选】

172　　　第一节　有效运用观察结果

183　　　第二节　学会有效运用观察结果

201　　　第三节　反思自身是否能够有效运用观察结果

207　　　【选一选】

208　　　【我走到了这里】

208　　　【拓展阅读】

主动观察 第一章

学习本章内容后，你将能够更好地：
了解幼儿行为观察的内涵、价值与特征；
掌握幼儿行为观察的理论基础。

‖【我从这里出发】

亲爱的老师，我们即将开启本章内容的学习。在学习本章内容之前，请你先思考以下问题，并在最符合自己情况的方框内画√，看一看你将从哪里出发。

水平	你最像下面哪一种?	自评
四	能结合《指南》全面理解并掌握各年龄段幼儿在五大领域的典型行为表现；通过观察全面了解班里每个幼儿在各领域的发展情况和全班幼儿的整体发展情况；能将观察结果与幼儿的典型行为联系起来并进行科学分析，据此设计教育教学活动或及时调整教育教学策略	
三	掌握某一年龄段幼儿在五大领域的典型行为表现或掌握各年龄段的幼儿在某些领域的典型行为表现；主要通过观察了解幼儿，对班级大部分幼儿的发展情况有比较完整的了解；能基于观察结果对幼儿进行分析，据此设计或调整教育教学活动	
二	了解某一年龄段幼儿在1～2个领域的典型行为表现；在日常活动中，当发现幼儿的异常行为或意识到教育教学活动出现问题时会主动进行观察；在有任务需要或者工作要求时会观察幼儿，了解幼儿出现行为异常或教育教学活动出现问题的原因，但没有利用观察结果设计或调整教育教学活动	
一	对各年龄段幼儿在五大领域的典型行为表现认识模糊；在有工作要求时会配合完成观察任务，对幼儿的了解主要通过感知印象；教育活动的组织与实施主要依靠经验或书本知识进行，很难做到依据观察结果来促进幼儿主动学习与全面发展	

‖【想一想】

在幼儿园里有这样两位教师，她们都认为自己在认认真真地观察幼儿行为。

教师A经常会站在一边看着孩子们的活动。她会看孩子在活动中的表现，哪个孩子表现得最兴奋，哪个孩子又找到了一个新的玩具，哪个孩子不跟别的小朋友玩，哪个孩子只是站在一边看别人玩。当发现一个孩子的游戏可能有危险时，她会赶紧过去制止。

教师B提前计划好了今天要去语言区观察幼儿的阅读行为，为此她根据制订好的观察计划进入阅读区，注意观看和倾听在阅读区里发生的一切。她有时也会与孩子们进行交谈，随时进行一些简要的记录，并用相机拍下孩子在活动过程中表现出的一些阅读行为，还为孩子们创作的一些自制图画书作品拍照记录。在一天的活动结束后，她对在阅读区观察到的幼儿行为，以及收集到的作品、照片等进行整理和补充记录，然后结合《幼儿园教育指导纲要（试行）》《3～6岁儿童学习与发展指南》以及一些儿童发展理论，对几个孩子在阅读区的活动情况进行分析。

请你基于上述案例思考以下三个问题：

（1）你认为哪位教师是在进行观察？

（2）你认为观察幼儿有什么意义？

（3）你平时会用什么样的方式观察幼儿？

【选一选】

在学习本章内容之前，请你先思考以下问题，在认为最符合自己情况的方框内画√。

项目	不符合	基本不符合	一般	基本符合	非常符合
1. 我知道幼儿行为观察的内涵					
2. 我知道观察和观看是不同的					
3. 我了解开展幼儿行为观察的意义					
4. 我能说出幼儿行为观察至少3个方面的价值					

续表

项目	不符合	基本不符合	一般	基本符合	非常符合
5. 我会经常主动开展幼儿行为观察					
6. 我了解幼儿行为观察的特征					
7. 我了解幼儿在五大领域的发展目标					
8. 我了解幼儿在五大领域的典型行为表现					
9. 我有信心开展幼儿行为观察					
10. 我会设计科学有效的观察活动					

第一节　主动观察幼儿行为

【我来写一写】

1. 下面关于幼儿行为观察的描述，你认为哪些是正确的？请在正确描述后面的圆圈内画√。

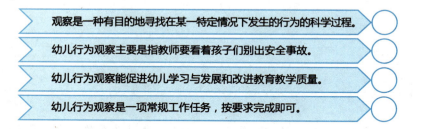

观察是一种有目的地寻找在某一特定情况下发生的行为的科学过程。 ○

幼儿行为观察主要是指教师要看着孩子们别出安全事故。 ○

幼儿行为观察能促进幼儿学习与发展和改进教育教学质量。 ○

幼儿行为观察是一项常规工作任务，按要求完成即可。 ○

2. 一般而言，幼儿行为观察有哪些特征？请在你认为正确的特征旁边画√。

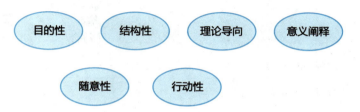

目的性　　结构性　　理论导向　　意义阐释

随意性　　行动性

3. 下面哪些是幼儿行为观察的意义和价值？请你圈出来。

一、什么是幼儿行为观察

（一）观察的内涵

1. 观察 = 观 + 察

观察是人类认识周围世界的一种最基本的方法，也是从事科学研究（包括自然科学研究、社会科学研究和人文科学研究）的一个重要手段。观察不仅是人的感觉器官直接感知事物的过程，而且是人的大脑积极思维的过程。[①]因此，观察既包括个体运用多种感官（主要是视觉）感知事物的过程，也包括个体对事物进行分析与思考的思维过程。从这个意义上来说，观察 = 观 + 察，观察是融感知和思维于一体的活动（图 1-1）。

图 1-1　观察的内涵

然而，在教育领域中，"观察"经常会被等同于"观看"，人们错误地将"观察"的对象局限于可视、可触或可闻的人、事、物。比如，"我观察到一个红球""我观察到有人在哭"。但是"观察"实际上还包含知觉参与的过程，具有"理解"或"理性"上领会的意思，这就代表其常与人类的思维过程相结合，如"我观察到这件事情不太正常"或"我们观察到这个孩子经常出现问题行为，是受到她特殊的家庭环境影响"，这时的观察就带有着对事物或现象的思考、推理与判断。因此，观看可以不涉及思考，但是观察一定要与积极的思维相结合。

2. 观察通常指向行动

观察通常带有行动的指向性。请你观察图 1-2 中的三幅图片，然后回答以下问题：你观察到了什么？你会有何反应？

---

① 陈向明. 质的研究方法与社会科学研究 [M]. 北京：教育科学出版社，2000：227.

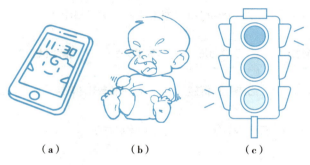

（a）　　　　　　（b）　　　　　　（c）

图 1-2　三幅观察图片

事实上，在多数情境中，观察只是决定行动的第一步。人们通过观察收集必要的资料和信息，在收集资料和信息的过程中人们会作出判断并考虑采取何种行动。例如，在看到手机时，人们通常不是第一时间欣赏它的款式和外观，而是用来确认手机上有哪些需要处理的信息；在看到哭泣的婴儿时，人们会思考他是不是饿了或者累了，然后根据自己的判断决定给他喂奶或是哄他睡觉；在看到交通信号灯时，人们会根据生活常识和交通规则做出相应的行为反应，如红灯停、绿灯行。值得注意的是，为什么交通信号灯的颜色会让人们做出不同的行为反应？因为交通信号灯的三种颜色所代表的意义不一样：当绿灯亮起时，人们通过观察会得到有关"安全"的信息，所以做出通过马路的行为反应；当红灯亮起时，人们通过观察会得到有关"危险"的信息，所以做出等待的行为反应；当黄灯亮起时，人们通过观察会得到有关"注意来往车辆"的信息，所以做出左右观察后再安全通过马路的行为反应。所以，对任何事物的观察不仅需要观看，更重要的是理解事物的内涵和意义，然后在此基础上作出恰当的决策与行动。例如，如果当司机看到交通信号灯变成了红色，却仍然无所顾忌地开车通过路口时，那可能是他错误理解了红灯亮起所代表的内涵和意义，那么这位司机就要接受由错误行为反应带来的严重后果。

3. 观察具有计划性和目的性

观察是有计划、有目的地用感官来知觉事物或现象的方法；是对某个对象、某种现象或事物有计划的知觉过程；常与积极的思维相结合。这一定义强调了观察的计划性和目的性。本特森也指出：观察不仅仅是简单地看着某样东西，它有严格的条理，有其为寻找在某一特定情况下发生的行为方式的科学过程，观察者必须明白要寻求什么、如何记录所需的信息、如何解释相关行为。[①] 这句话也指出了观察具有计划性和目的性。

---

① BENTZEN W R. Seeing young children: a guide to observing and recording behavior [M]. Albany: Delmar publishers, 1997.

（二）幼儿行为

幼儿行为是教师观察和记录的最主要目标之一。行为的定义有狭义与广义之分。狭义的行为是指个体的一言一行、一举一动，是个体表现在外且能被直接观察、描述、记录或测量的活动[①]。例如，幼儿搭积木、小声地交谈、欢快地大笑，这些行为不仅可以被教师直接观察到，也可以利用照相机、摄像机等工具和设备记录下来，并加以处理和分析。广义的行为不局限于能直接观察到的、可见的外在活动，还包括以外在行为为线索、间接推知的内部心理活动[②]。基于上述定义，狭义的行为只是幼儿行为的一部分，并非全部。由于幼儿的兴趣、动机、情绪、思维、需要和态度等这些不能由教师直接观察到的行为也是幼儿行为的一部分，所以教师需要根据反映行为事实的信息和资料加以猜想、推断和解释，以理解幼儿的行为。

（三）幼儿行为观察

虽然幼儿行为观察尚且没有统一的定义，但是通过以下几种定义我们可以总结出幼儿行为观察的本质特征。

定义一：观察是教师认真记录、分析在特定情境或环境中一个幼儿或全体幼儿在一个明确的时间段里说的话、做的事情；是了解幼儿是否以及如何学习的最佳工具；能够帮助教师理解来自不同语言、生活经历、价值观和信念影响下的幼儿，从而对幼儿进行文化适宜的支持。[③]

定义一强调了观察需要记录和分析，观察需要在特定情境和环境里进行，观察的对象可以是一个或全体幼儿；观察需要有一个明确的时间段，观察的内容是幼儿说的话、做的事情；观察的目的是了解幼儿是否学习以及如何学习，从而支持幼儿的发展。

定义二：观察是指在日常生活和活动中当幼儿展示具体的知识、技能和对概念的理解时，教师通过观看、倾听和互动等方式理解幼儿的学习。[④]

定义二强调了观察的情境是日常生活或活动，观察的重点是幼儿对具体的知识、技能和概念理解；观察的方式包括观看、倾听和跟幼儿互动（如跟幼儿交谈），目的是理解幼儿的学习。

定义三：学习故事一般是指教师对个别幼儿学习行为的观察和评价，包括三项内容：一要观察记录儿童发生了什么——客观描述在真实情景中幼儿的学习行为；

---

① 李晓巍．幼儿行为观察与案例[M]．上海：华东师范大学出版社，2016：5.
② 李晓巍．幼儿行为观察与案例[M]．上海：华东师范大学出版社，2016：5.
③ SMIDT S. Observing, assessing and planning for children in the early years[M]. Hove: Psychology Press, 2005: 12.
④ 来自 *Early years foundation stage profile: handbook 2014*。

二要分析评价儿童学习了什么——解读、评价幼儿的学习行为；三要决定下一步该怎么做——教师对幼儿下一步的指导计划。①

定义三强调了观察与记录是起点，教师需要观察幼儿做了什么，倾听幼儿说了什么，并记录下来；接下来的评价需要教师回顾观察记录，并基于对幼儿的了解，对看到、听到的内容作出判断，分析这些内容所具有的意义；教师也可以与其他教师、家长分享自己对幼儿的理解，从而更加准确地了解幼儿此时的发展水平，并开始思考如何支持幼儿更高水平的学习，从而作出下一步的教育计划，构建了"观察记录—分析评价—进行教育计划"的循环②。

定义四：幼儿行为观察是将幼儿作为特定的观察对象，通过感官或仪器设备，有目的、有计划地对幼儿的行为进行感知和记录，从而获取事实资料，并据此了解和分析幼儿的行为动机、原因及幼儿的个性、需要和兴趣等。③

定义四强调了幼儿行为观察的对象是幼儿，观察是有目的、有计划的活动，是对事实资料的感知、记录和获取以及对事实资料的理解和分析过程。

综合上述四种定义，我们认为幼儿行为观察是幼儿园教师在真实、有意义的活动情境中，采用合理可行的方法对幼儿学习与发展的典型行为表现进行观察记录、分析解释，并为接下来的支持与帮助提供决策依据的活动。具体来说：

·观察的情境是幼儿园中真实的、有意义的活动，包括主题活动、教育活动、区域活动、户外活动等；

·观察的内容是幼儿学习与发展的典型行为表现；

·观察的方法需要精心设计、合理可行；

·观察的程序至少包括观察记录、分析解释和提供支持策略三个步骤。

二、为什么要观察幼儿的行为

（一）了解幼儿学习与发展

幼儿园教师为什么要仔细观察幼儿的行为？如果把探秘幼儿的内心世界比作探案，那么教师就是"侦探"，幼儿的行为就是教师"破解幼儿内心密码"的蛛丝马迹。由于年龄较小，幼儿有时候做出一些事情、出现某些行为时，他们并不能有效地通过语言做出解释，所以教师需要从行为中获取他们为什么会这么做的证据。儿童发展专家认为，教师最有效地了解幼儿的方法之一就是在日常生活中观察他们，

---

① 王明珠.利用学习故事提高教师观察解读幼儿的能力 [J]. 早期教育（教科研），2014（11）：39.

② SMIDT, S. Observing, assessing and planning for children in the early years[M].Hove: Psychology Press, 2005: 18–20.

③ 李晓巍.幼儿行为观察与案例 [M]. 上海：华东师范大学出版社，2016: 6.

对于还没有形成良好语言表述能力的幼儿来说，观察是了解他们思维如何发展的主要方式。因此，观察是教师了解幼儿最基本、最重要的途径。有研究者曾提出："因为幼儿的语言及读写能力不够完善，他们还不能像青少年一样表达自我，但是幼儿的身体行为能很好地反映他们想要表达的事情。"

1. 了解幼儿的发展水平

奥苏贝尔曾说："假如让我把全部教育心理学仅仅归纳为一条原理的话，那么我将一言以蔽之曰：影响学习的唯一重要的因素，就是学生已经知道了什么。（教师）要探明这一点，并应据此进行教学。"[①] 可以说，教师实施教育活动应该基于对幼儿已有知识和经验的充分了解。为了了解幼儿的发展水平，教师可以通过观察收集幼儿在身体、认知、社会性以及情绪发展等方面的发展情况，从中判断出幼儿在各个方面的发展水平。例如在积木区，幼儿会基于自己的喜好搭建出各式各样的作品（图 1-3），那么幼儿的作品体现了何种搭建水平，这是需要教师通过观察才能了解到的。在这些作品中，从左到右依次表现了幼儿的典型搭建行为：平铺叠高、围合、架空，也显示了幼儿不同的搭建水平，继而为教师支持幼儿进一步的学习与发展提供了依据。

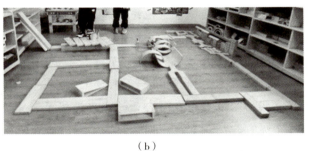

（a）　　　　　　　　　　　　　（b）

（c）

图 1-3　幼儿积木区作品

---

① 奥苏贝尔，等.教育心理学：认知观点 [M].余星南，宋钧，译.北京：人民教育出版社，1994：194.

2. 发现幼儿的学习兴趣和需要

幼儿的兴趣和需要是维持与促进幼儿学习的内部动机，是推动与拓展幼儿发展的内在力量，教师需要持续观察幼儿与周围事物及环境的互动，以识别幼儿真正感兴趣的事物，发现幼儿的学习需要，然后基于幼儿的兴趣和需要来丰富幼儿相关经验，使得幼儿的兴趣和需要与幼儿园的游戏、教育教学等活动发生有机联系，从而促进幼儿的学习与发展。研究指出，观察、了解幼儿的学习与发展是为了评估他们的兴趣、特点和需要，以便更有效地拓展他们的经验，促进他们学习与发展。[①] 只有基于幼儿的兴趣和需要设计、发起或改进的游戏与活动，幼儿才会投入地参与其中。教师经常会对"为什么孩子对这个活动不感兴趣？"感到困惑，这一困惑主要的原因可能在于教师未能观察与识别幼儿的兴趣和需要，也未能基于幼儿的兴趣和需要给予引导和支持。

案例 1-1

　　昨天思涵参与了社区菜市场的参观活动，我们一起买回了胡萝卜。在返回班级的路上，孩子们说用橡皮泥也能制作胡萝卜，于是思涵今天就来尝试用橡皮泥制作胡萝卜。他先拿起橘黄色的彩泥，用小手搓出一个细细的长条，他指着说："老师你看，这是我做的胡萝卜！"我问："咱们昨天买回来的胡萝卜呢？"思涵回答："在娃娃家！"我提议："我们借来看看吧！"我们一起来到娃娃家，"我能借一下胡萝卜嘛？""好的。"我们借来了胡萝卜，思涵将真实的胡萝卜放在了自己的橡皮泥胡萝卜旁边。我问："这个胡萝卜长什么样子呢？""长长的、粗粗的！""那上面和下面一样粗吗？""不一样，上面粗！""那我们的胡萝卜呢？"思涵看了看，又拿出一块彩泥，揉成圆，然后放在垫板上用小手搓，搓了几下，当他要用另一只手继续搓的时候，我请他先观察一下彩泥的形状，问："我们先看看彩泥变成什么样了？"他拿起来看，高兴地说："胡萝卜！""哦，原来你用一只小手按住小圆球的一半能让它变成胡萝卜！"思涵高兴地说："我还要绿色！胡萝卜上面还有扁扁的叶子！"接着，思涵制作了胡萝卜的绿色叶子。思涵还发现胡萝卜上面的土，就用黑色彩泥为胡萝卜贴上了土。他高兴地向大家展示作品。

（北京市丰台区方庄第一幼儿园，温思雅）

[①]　冯晓霞，李季湄.《3～6岁儿童学习与发展指南》解读 [M].北京：人民教育出版社，
　　2013：29.

在案例1-1中，教师发现了幼儿的兴趣：自己制作胡萝卜。但当观察到幼儿"用手搓出一个细细的长条"就认为自己做好了胡萝卜时，教师发现他可能缺乏对胡萝卜的前期经验，于是请他拿来真实的胡萝卜进行观察，通过实物的观察丰富了幼儿的相关经验，促使幼儿不断调整自己的创作，最终把胡萝卜生动形象地表现出来，幼儿从中获得了极大的成就感，满足了自身的发展需要。

3. 鉴别幼儿的强项和学习风格

每个幼儿都是独特的个体，都有自己的强项和偏好的学习风格，如果教师注意观察幼儿在日常活动中的行为，就会更容易识别出每个幼儿的强项和学习风格，并给予有针对性的教育，做到因材施教。因此教师必须重视观察技能，因为观察不仅是确定幼儿学习效果的手段，而且也是确定幼儿学习模式与途径的手段。密切而系统的观察可以确定幼儿思维的脉络，确定他们的发展图式和兴趣。[①] 此外，教师通过观察、倾听幼儿阅读图画书时的行为反应和提出的问题，可以发现每个幼儿认知风格的独特性。[②]

> **案例 1-2**
>
> 　　有个孩子在活动中总是哼歌，一个教师观察到了，说："多吵啊，为什么他就不能把注意力放在学习上，不干扰别人呢？"而另一个教师却想："他好像对音乐很感兴趣，也许把数学游戏配上音乐或用一首歌来开始今天的活动对他来说效果会更好。"

在案例1-2中，第二位教师通过观察幼儿在活动中的行为表现，识别出音乐是幼儿的强项，尝试在幼儿的强项与其他领域（如数学学习）之间搭建"桥梁"，为支持幼儿的全面、充分发展提供了可能性。

4. 了解幼儿行为背后的原因

观察是了解幼儿行为背后原因的重要途径。熟练、有效的观察能帮助教师恰当地判断引起幼儿行为的潜在原因，教师对幼儿行为的误解来源于教师认为幼儿的行为只是由单一原因造成的，然而事实可能会与之相反。[③] 在实际工作中，对于幼儿为什么会出现某些挑战性行为，如告状、哭闹、挑衅等，教师有时会感到苦恼，此时就需要教师通过仔细观察探寻幼儿行为背后的原因。

---

① 纳特布朗. 读懂幼儿的思维：幼儿的学习及幼儿教育的作用：第3版 [M]. 刘焱，刘丽湘，译. 北京：北京师范大学出版社，2010：157.

② LINDA E S. Parents and preschool teachers observe and listen: take your child beyond the box/sphere[D]. State University of New York, 2006: 15.

③ BETH M. Observation: the path to documentation [M]. Lincoln: Exchange Press, 2006: 45.

总之，幼儿的行为能够反映他们的心理状态，观察幼儿行为能够帮助教师走近幼儿的内心世界，获得幼儿思想、情感的信息和线索，了解幼儿的学习与发展水平，识别幼儿的兴趣和发展需要，鉴别幼儿的强项和学习风格，找到幼儿行为背后的原因，做到了解幼儿、读懂幼儿。

（二）调整课程与教学计划

在观察了解幼儿的基础上，教师才能制订适宜的教育工作计划，更加合理地安排幼儿各项活动；才能在活动中根据幼儿的表现和需要，及时调整活动，给予幼儿适宜的指导，支持幼儿的学习与发展。《幼儿园工作规程》指出，幼儿园教师的主要职责就是观察了解幼儿，依据国家有关规定，结合本班幼儿的发展水平和兴趣需要，制订和执行教育工作计划，合理安排幼儿一日生活。《幼儿园教师专业标准（试行）》中也指出，教师应在教育活动中观察幼儿，根据幼儿的表现和需要，调整活动，给予适宜的指导。

案例 1-3

两个幼儿正在积木区玩小车，一辆接着一辆排了很长，教师发现幼儿的排列没有规律，就立即让幼儿按照车的颜色和大小摆放成一个停车场。教师的意图是想让幼儿练习分类，但实际上幼儿正在布置马路上的堵车场景，被教师干预后，只好根据教师的要求进行排列。刚排了几辆，教师离开了，幼儿也随即离开了。

（中国科学院第三幼儿园，吴采虹）

从案例 1-3 中我们可以发现，如果教师不能够对幼儿进行仔细地观察，就很难给予幼儿适宜的指导。教师看到的是幼儿在排列小车，并且排列没有规律，但没有仔细观察幼儿的游戏行为，不了解幼儿的游戏意图，而直接认为这是一个练习分类的干预机会，干扰了幼儿正在进行的想象游戏，因此终止了幼儿接下来可能出现的更有意义的游戏行为。

"教师只有经过仔细的观察、追踪幼儿学习发生的过程，成人才能知道所提供的环境是否适宜幼儿的学习。"[①] 在观察幼儿的基础上，教师才能知道自己所提供的环境、材料、活动安排，以及给幼儿的指导等是不是真的适合幼儿。不论是对个别

---

① 　DRUMMOND M J. Observing Children[M]// SMIDT S The early years: a reader. London: Routledge, 1998: 105.

幼儿的教育活动计划，还是对小组或全体幼儿的教育活动计划，教师在设计时都应依赖观察幼儿的反应和行为表现。

案例 1-4

　　一名幼儿想穿过积木区去玩表演游戏，但意外却发生了：他碰倒了另一名幼儿刚弄好的搭建物，于是两人发生了争吵，教室的这一区角产生了混乱。教师通过观察发现交通是幼儿行为问题产生的根源。于是教师蹲下来放低视线，以儿童的视角来观察环境，教师发现需要对置物架进行重新安排，保护积木区不受干扰，同时改变活动区的交通路线。孩子们按照新的交通路线走到表演区，此后发生在积木区中的冲突行为就明显减少了。

（中国科学院第三幼儿园，吴采虹）

　　从案例 1-4 中我们可以看出，教师基于对幼儿行为的观察与分析，发现环境布置影响了幼儿的游戏，继而对区角环境重新布置并取得了积极的效果。

　　总之，观察是了解幼儿的基本方式，也是幼儿园教师在了解幼儿的基础上制订教育工作计划、设计课程与教学的主要依据。

（三）促进教师的专业发展

　　从教师自身来说，观察是帮助教师从经验型教师走向研究型教师的方式之一。实际上，观察促使教师真正担当起一项职责，就是成为自己所在班级的研究者。教师不需要等待别人提出要求，他们可以通过观察发现班里出现的问题、进行记录并搜集必要的证据，继而根据自己的发现调整与改进教学。[1] 我国学前教育专家朱家雄也认为，观察记录是教师专业成长的有效途径，记录让教师成为认识和理解幼儿学习的主体，使教师获得一种审视幼儿学习的眼光，并进入一种能不断从幼儿的学习中发现和捕捉教育问题的研究境界。[2] 也就是说，观察记录为教师反思提供了第一手资料，增强了教师对自身教育实践行为的独立思考能力，成为了教师改进教育行为的基础；观察记录有效地提高了教师的研究能力，使他们对幼儿的行为和心理有了敏锐的观察和感悟。[3] 因此，观察可以促使教师专业发展的真实发生，将教师

---

[1] DOROTHY H C, VIGINIA S, NANCY B. Observing and recording the behavior of young children[M]. New York: Teachers College Press, 1997: 5.

[2] 朱家雄，张婕，邵乃济，等. 纪录，让儿童的学习看得见 [M]. 福州：福建人民出版社，2008：33.

[3] 钱芬. 通过教育观察记录提高教师自我研究能力 [J]. 山东教育（幼教刊），2004（17）：6-7.

的专业发展切实落实在对幼儿的理解与支持、对教育实践的反思与改进、对教育问题的发现与解决上。

案例 1-5

在美术活动中，孩子们都在认真地给小树涂色，我巡视了一圈，看着孩子们画出的小树没有我想象得那么好，我就拿起油画棒帮他们添上几笔，修改一下。"小米，这棵小树边上没有涂到，像老师这样按顺序从上往下涂，不要着急。颜色要均匀，不能留空白的地方"，我走到小米身边对他说。他低下头开始修改加工。过了一会儿，大部分幼儿都画好了，我看见默默还在认真地涂着，我走过去一看，好多地方还没有涂匀。当我正想帮他修改时，他马上捂住自己的画纸，对我说："老师，我自己来！"

听到默默的这番话，我开始认识到自己在教育上的一些失误，作为老师不应急于按照成人的标准限制幼儿的创作，要为幼儿提供自由表现的机会，支持幼儿大胆地表达和创造，肯定和接纳他们独特的审美感受和表达方式。在以后的活动组织中，我要把过去的"我帮你画"变成幼儿的"我想画""我能画"。

在案例 1-5 中，教师通过观察记录得以了解幼儿正在萌发的自我意识和自主学习的需要，认识到幼儿是"积极主动的、有能力的学习者"，促进了对自身教育实践行为的反思。尤其对于教师改变自身的儿童观、学习观、教育观，促使教师从关注"教"转变为关注幼儿"学"具有重要的推动作用。正如刘焱教授所说：观察儿童的独特价值在于使教师把视线从自己的"教"转移到幼儿正在发生的学习上，其蕴含的理念在于：儿童是天生的学习者，从出生开始，幼儿就主动用自己的方式认识世界、理解世界和解释世界，在与周围世界的相互作用中，发展和形成自己独特的个性。当教师把视线转向幼儿，细致观察其探索活动，往往会看到幼儿的表现远远超过教师的预期，给教师很多惊喜。

综上所述，幼儿行为观察对于幼儿园教师来说，至少有如下八种理由[①]：

·对幼儿的能力作初步的评估；

·明确幼儿的优势领域以及有待提高的方面；

·根据观察需要制订个人计划；

·不断检查并确认幼儿的进步；

---

① BEATY J J. Observing development of the young child[M]. 6th ed. Upper Saddle River: Marrill Prentice Hall, 2006: 5. 选用时有改动。

- 了解幼儿在特定领域的发展；
- 解决幼儿的某个具体问题；
- 向父母或健康专家、语言专家和心理健康专家汇报相关情况；
- 为幼儿的档案资料、指导和分组搜集资料。

三、幼儿行为观察有哪些特征

综合对观察、幼儿行为观察的内涵与价值的分析，我们可以总结出幼儿行为观察的四个关键特征。

（一）观察起始于目的和意图

观察作为一种观察主体反映观察客体的认识活动，不仅依赖理论，而且渗透着理论。理论决定了观察的对象、目的和内容。人们基于一定的理论背景去观察，可以更好地了解"为什么要观察""要观察什么""使用什么方法进行观察"，有助于在观察中认识现象，获得科学发现的新线索。

日常观察常常是无目的的随意行为，可能起始于某一幼儿的异常行为，或是单纯的由兴趣驱动的行为，观察到的往往是幼儿行为发生、发展与结束的笼统印象和一般性理解，获得碎片化的认识。就像本章章前案例中的教师 A，可能有许多教师和教师 A 一样都喜欢观看孩子们的活动和游戏。在观看幼儿活动和游戏的过程中，教师可以了解到哪些幼儿在活动时积极主动，哪些幼儿只喜欢旁观。日复一日，幼儿园教师就这样目睹了孩子们的变化。

与日常观察不同，幼儿行为观察是在一定的理论指导下进行的，是一种专业性的观察，是基于一定的理论假设而开始的、有目的的观察。"专业人员（教师也是专业人员）会建构一个框架去理解所选领域的事物，因而他们知道寻找什么，而一般人没有相应的结构从相关的细节中区分出想要观察的东西。"[①] 就像本章章前案例中的教师 B，她在阅读区对幼儿行为的观察是有目的、有计划的，她会提前规划好观察的目的、内容以及记录方法，对要关注哪些幼儿的行为、如何观察幼儿的行为做到"心中有数"。

（二）观察是一种系统有序的行为

与日常观察的松散结构不同，幼儿园教师的观察是一种系统有序的行为。观察不仅仅是简单地朝某个事物看，经过训练的科学的观察要用某种特定的方式去搜寻

---

① BORICH G D, MARTIN D B. Observation skills for effective teaching: research-based practice[M]. London: Routledge, 2016: 39.

事物。① 有效的、全面的观察应该是一种结构化的、控制好的观察，控制好的意味着观察不是随机的或偶然的，观察者事先要知道观察什么、到哪里去观察，以及打算怎样观察。结构化的观察是研究者根据研究目的，事先拟定好观察计划，确定使用的结构化观察工具，并严格按照规定的观察内容和程序实施的观察。结构化的观察一般要求具有一定的分类体系或结构性、详细的观察纲要，并且对观察者、观察对象都有一定程度的控制，它最大的特点是观察程序标准化和观察内容结构化。

但结构化的观察并不等于摒弃自然的观察，幼儿园教师要观察幼儿，最好是在幼儿自然的活动情境中观察，而观察的方法、工具则是事先设计的、有一定结构和指标体系的。具体而言，观察的结构化主要体现在评价指标的构成和等级的划分上。为此，教师对幼儿的观察同样需要掌握观察的意识、目的、内容和方法，通过观察行为的结构性、观察方法的科学性保证观察结果的有效性。

（三）观察过程伴随着对幼儿的分析

孔德认为，对一种现象的观察，起初不用某种理论加以指导，最后也不用某种理论加以解释，就不可能是真正的观察。可见，观察是需要分析解释的，而且这种分析解释还不能只靠主观经验，而需要依靠理论做出科学的解释。

对于幼儿行为的观察，分析和解释同样不可或缺。教师不是对活动中的幼儿进行"照相机"式的观察，而是作为主体，对活动中的幼儿行为进行一种能动的意义建构，简单地说，就是要看懂幼儿的行为。尽管使用照相机拍照和人的观察都能抓取到相同的事物，但照相机的"观察"和人的观察有什么不同？

显然，再智能的照相机也只是把看到的事物如实记录下来，但并不能分析这些事物的意义；而人的眼睛除了把看到的事物如实记录下来，还会对这些信息进行加工和整理，分析其中的内涵和意义。对幼儿园教师来说，观察的过程始终伴随着对幼儿行为的分析和解释，如果教师只是看到幼儿的动作、表情、行为，但并不能读懂行为背后的意义，那就谈不上对幼儿的理解，观察也就失去了价值。

（四）观察的目的是改进教育教学

幼儿园教师的观察带有行动的倾向，是教育教学实践的根本，教师观察和研究幼儿的目的并非为了建立高深的理论，而是更好地改进实践，更加有效地支持幼儿

---

① BENTZEN W R. Seeing young children: a guide to observing and recording behavior [M]. New York: United Nations Publications, 2005: 16.

发展。这种"有效"指向的是结果，也就是说，教师的观察并不完全是为了证实什么，而是通过基于观察的决定和行动来证实其有效性。有效性取决于决策过程中两个部分的功能：如果描述性部分良好，但是指导性部分很差，换句话说，如果教师仅仅准确描述、分析了幼儿的行为，但后续的教育决策却不恰当，那么教师对幼儿的观察就缺乏基本的有效性。不同的服务对象构成了不同的专业特性，教师的观察具有特殊性，这种特殊性表现为教师专业是基于儿童发展的立场，这就决定了教师的观察是一种发展性的观察。

　　研究者凯茨认为，专业幼儿园教师与非专业幼儿园教师的差异在于，前者的反应是运用可靠的专业知识及见解做出判断，其目的是着眼于幼儿长期的发展利益；而后者的反应则多视当时的情况，以能在最短时间内解决事情来做出行为决策，她将其称为"灭火器式"的做法，这种做法虽然很快消灭了问题，但同时消灭了幼儿的发展性，而不是以幼儿长期发展利益为目标。[①]

　　还有研究者指出，医生、律师等专业在帮助服务对象解决当前困境后，其专业服务就此终结，是只涉及服务对象的过去时态和现在时态的"两态"变化的专业活动，而"教师专业是一种涉及三态变化的长时性专业活动，在过去时态、现在时态与未来时态中，教师尤其关注儿童从现在向未来转化的层面"[②]。对于幼儿园教师来说，对幼儿的观察不仅是就事论事，只解决当前的某个问题，而且要从幼儿的某一行为、事件中发现其未来发展的可能性，并深刻觉知自身在幼儿成长中的专业责任，审慎地思考接下来的教育行动，为幼儿的学习提供进一步支持。

　　为了更好地开展观察，教师需要了解幼儿行为观察的四点注意事项：

· 观察要有理论的支持，不是盲目的；

· 观察要有标准和规范，不是随意的；

· 观察需要阐释其意义，不是照镜子；

· 观察应该带有行动的指向，不是到此结束。

四、什么是观察渗透理论

　　"一千个人心中有一千个哈姆雷特"，这意味着每个人对同一事物的观察都带有个人的视角和偏好，所以我们每个人都是从自己的价值取向和认知结构出发观察与认识事物。通俗地讲，人只能看见自己所知道的东西。什么是人所知道的东西？其实就是我们头脑中

观察小游戏

---

① 转引自吴颖新.幼儿教师的专业素养[M].北京：中国轻工业出版社，2012：91.

② 王凯.教师观察行为的专业主义视野[J].教育研究与实验，2009（2）：30–33.

已经形成的认知倾向和认知结构，认知倾向是我们认识事情的价值偏好和视角，认知结构是人的头脑中已经具有的知识和经验。人所知道的东西可以统称为理论，渗透在人们对事物的观察之中，这就是"观察渗透理论"。

在科学哲学视野中，观察与理论之间的关系是一个基本而重要的问题，也是不同流派分歧的焦点。逻辑经验主义者坚定地相信：科学理论最终逻辑地建立在观察的基础之上，对观察语言与理论语言采用绝对"二分法"，形成了"观察"与"理论"绝对区分的观点。建立在对逻辑经验主义进行批判的基础上，学者汉森竭力反对观察与理论互不相干、相互独立的这一传统观点，并提出"观察渗透理论"命题与之分庭抗礼——所谓"绝对中性"的观察并不存在，观察不是纯粹客观的视觉上的"看"，而是一种渗透了理论的"看"。

（一）观察前：理论指引

理论在观察前就已发挥作用，体现着观察者的主动性和目的性。"理论决定我们能观察到什么"，也就是说，人只能看见自己所知道的东西。例如，两个视力正常的观察者观察同一个对象 X，但根据他们的报告，二人观察到的东西并不相同，这只能解释为两位观察者此前关于对象 X 的理论和知识不同。汉森由此指出，观察并不是个体对观察对象"刺激"的消极的机械反应，不像逻辑经验主义者所认为的那样，观察者最先是客观地、被动地观察感受对象，然后经过逻辑分析从中形成一定的概念模式，恰恰相反，实际的观察总是会受到作为主体的人的理论影响与支配。汉森进一步指出，"把知识交织到看的过程中，使我们免于重复辨认目光所及的一切事物，使物理学家能作为物理学家而不是作为'照相机'来（机械地）观察新的资料"，物理学家与"照相机"的区别在于物理学家有理论的假设或主张，所以并非机械地接受所有事物，而是会选择要聚焦对象。他进一步举例说："对于每辆驰行的自行车，我们并不都问'那是什么'，因为这既无必要又无意义，是对自身观察精力的浪费，所以科学的观察应该聚焦在经过理论筛选后的有价值的内容上。"总之，理论构成了我们所知道的东西，决定了我们所能观察到的内容。

（二）观察中：理论伴随

理论的影响持续在观察的过程中，体现着科学观察的情境性和规范性。汉森被认为是早期的"情境论者"，他认为从不同的情境中观察同一事物，就会观察到不同的结果，为此，科学界应该确定好观察的情境，否则就无法发现科学，他指出，"物理学中的观察并不是与一些不熟悉的、无关联的闪光、声音和碰撞的偶然相遇，而毋宁说是与这些特定种类的事物经过计算的相遇。"汉森所说的这种"经过计算的相遇"说明了观察的情境并非偶然的，而是在"理论"指导下的有计划的安排的，依赖观察者提前进行计划和设计。汉森进一步强调："认为科学是通过收集数据或'事实'来进步的想法是天真的。收集数据的目的是探究一种直觉、猜测、假设或理论。如果没有什么东西来指导观察，那就只是随机收集观察结果：这有点像收集汽车号码，把它们写下来，除了列出看到的数字外别无其他意义。"汉森通过这一例举说明，如果观察缺乏理论指导，那么收集观察数据的过程就是一种机械化的操作，相反地，理论的渗透存在于实验设计以及数据获取过程之中，使得观察的过程与观察者的知觉、猜测、假设和理论总是糅合在一起的。

（三）观察后：理论解释

理论的作用体现在观察的结果解释中，体现着观察的意义和价值。汉森认为，观察和解释是不可分离的——不仅是它们都不可单独发生，而是因为任何一方都不能完全孤立获得对方的意义。任何事件、事物、图像等，并非本来就具有意义和关联，意义和关联依赖于观察者已经知道的东西。假如观察仅仅是光学——化学过程，那么我们看见的东西与我们知道的东西绝不会有关联，已知的东西也不可能对我们看见的东西有任何意义，视觉生活就会是不可理解的。近年来，致力于汉森研究的学者伦德也指出，汉森的"观察的理论渗透对科学的可理解性和科学发展至关重要"。通过对理论的历史考察能使科学的面目更能为我们所知，为知识和观察之间搭建了桥梁，也就是说，观察的结果只有依赖观察者已知的理论才可能得到解释并产生意义。

对于观察结果产生的意义应该用来做什么、应该如何使用，汉森也有自己的看法。他认为，虽然与逻辑实证主义者对观察经验产生理论不同，但我们不应否认观察对科学发现的应有贡献。所以伦德指出，过去对汉森的"观察渗透理论"是有误解的，在伦德看来，"观察渗透理论与科学发现的模式分开来讨论是一个错误"，也就是"观察渗透理论"与"科学发现的模式"是联系在一起的，"观察渗透理论"是科学发现中的一个重要张力，但并非是一个矛盾或空洞的循环，虽然并没有"纯粹客观"的中性观察，虽然背景信息和背景理论总是影响观察者如何看待事物，但这并不意味着不能通过充满理论的观察来寻找新的理论。汉森的观点是，尽管没有一种机械的方法能在观察的基础上做出发现（汉森认为，这是一个古老的归纳主义梦），但观察和观察到的令人惊奇的现象在寻找解释的过程中起着触发器或线索的作用，他将这一科学发现的模式命名为"逆推法"，汉森将"逆推法"的科学发现模式分为三个步骤：第一，某一令人惊奇的现象 P 被观察到；第二，如果 H 是真的，则 P 理所当然地可解释；第三，因此有理由认为 H 是真的。可以看出，在这一科学发现的逻辑中，观察和理论之间呈现出一种双向互动关系，一种是理论对观察的影响和指导作用，即通过假定 H 的成立，可以解释现象 P，把 P 置于一个可以理解的模式中；另一种是从观察到理论的实现路径，假如令人惊奇的现象 P 不能被 H 解释，那么观察者就可以对观察结果进行大胆猜测，观察结果所产生的意义就可以为科学的新发现、理论的革新提供依据。

基于观察渗透理论，不存在为观察而观察、就观察谈观察的没有特定价值取向、结构框架和分析逻辑的观察。任何观察都是和特定理论联系在一起的——任何观察不仅是特定理论先行、而且是特定理论伴随和由特定理论解释的。

五、幼儿行为观察需要理论吗

幼儿玩磁力棒视频

请扫码观看幼儿玩磁力棒的视频，并在表 1–1 中记录你的观察结果。

表 1–1　观　察　记　录

图 1–4　幼儿玩磁力棒

我观察到了：

你可能观察到这名幼儿在认真、专注、积极地探索（图 1–4），不断尝试，富有创造性，如果对这些观察结果进行归纳和总结，可以发现这些观察结果属于学习品质的范畴；或者，你可能观察到幼儿正在操作中感知与体验磁力棒的磁力、重力、大小排序、影响转动的因素等，如果对这些观察结果进行归纳和总结，可以发现这些观察结果属于科学领域的关键经验。由此可见，学习品质和关键经验都是渗透在教师观察幼儿行为表现中的"理论"。

在幼儿行为观察与分析中，理论究竟会发挥什么样作用？

（一）理论引领观察：教师观察方向、目标和指标由特定价值取向决定

基于观察渗透理论，"理论决定我们能观察到什么"，因此教师持有的理论或价

值取向是"在多种工作情景中指导人们决策判断和行动的总体信念"[①]，对任何事情的分析、判断、决策和行动都由其引领并受其制约。幼儿行为观察作为一种在幼儿园教育情境中对幼儿的学习与发展进行观察记录、分析解释与支持帮助的实践活动，必然受到价值取向的引领和制约。也正是在这个意义上，价值取向决定了观察方向，引领着观察目标，并由此决定了观察指标的设置。

1. 观察方向由特定价值取向决定

观察方向是指教师将要从哪个角度观察幼儿，因为从不同方向观察同一名幼儿，观察结果可能不同。观察方向是由教师的特定价值取向决定的，不同的儿童观、学习观、教育观都会导致教师形成不同的观察方向。例如，对于"学习"来说，如果教师对学习的本质缺乏共识，其观察就会走入截然不同的方向：一种情况是将学习狭隘地视作知识和技能的掌握，主张幼儿的学习即最大限度地"学会知识"，强调幼儿在学习之后特定学习结果的产出，高度关注幼儿知识技能等关键经验的获得情况；另一种情况是在一个更宽广的范围内理解幼儿的学习，强调幼儿的学习方法或幼儿是否具备"学会学习"的特征，在观察时更加关注幼儿的重要学习品质，诸如独立、自信、责任心、合作能力以及灵活性等。[②]

2. 观察目标由观察方向引领

观察目标是教师预期观察到的幼儿行为结果。教师在预期的观察目标指引下衡量幼儿学习与发展情况，目标是教师观察的参考系，如果没有目标，教师则会因不知道观察什么而导致盲目观察。研究指出，在通常意义上，"专业人员会建构一个框架去理解所选领域的事物，因而他们知道寻找什么，而非专业人员没有相应的结构从相关的细节中区分出想要观察的东西"[③]。观察目标是由教师的观察方向设定的，如果观察方向是幼儿的关键经验获得，教师的观察目标就是对幼儿将要学会哪些领域知识、掌握何种技能的预期；如果观察方向是幼儿的学习品质，教师的观察目标就是对幼儿将要发展哪些方面学习品质的预期。因此，从不同的观察方向，教师就会设定不同的观察目标。

3. 观察指标根据观察目标设置，是对观察目标的具体化

观察指标是用以说明观察目标的具体条目和等级水平描述，具有关键性、发展性、可观测性等基本特性。关键性是指观察指标描述的是与观察目标对应的最核心、最典型的行为表现；发展性是指观察指标用以描述幼儿的不同发展水平；

① 迈尔斯. 社会心理学：第 8 版 [M]. 侯玉波，乐国安，张智勇，等译. 北京：人民邮电出版社，2006.
② 伊列雷斯. 我们如何学习：全视角学习理论 [M]. 孙玫璐，译. 北京：教育科学出版社，2010.
③ BORICH G D, MARTIN D B. Observation skills for effective teaching: research-based practice[M]. London: Routledge, 2016.

可观测性是指指标描述的是幼儿的具体行为，是教师可以观察到的。观察指标作为教师观察的直接参照和有力抓手，能够帮助教师更有目的性地观察记录幼儿行为，也能够支持教师观察分析幼儿已经发展到何种程度，从而确定幼儿的最近发展区。

（二）情境伴随观察：教师观察过程受特定情境制约

情境是指影响事物发生或对机体行为产生影响的环境条件，情境每时每刻都在对个体的行为选择、行为实施发生一定的谋划与约束，进而影响个体的思维和言行。[①] 教师的观察必然发生在一定的情境中，也必然受到特定情境的组织与制约，在这个意义上，活动情境决定了观察情境，引领着观察路径，并影响了观察策略的选择。

1. 观察情境由教师在不同价值取向引领下有意创设

观察情境是教师实施观察所处的活动场景。幼儿园教师的观察是一种"特定情境能力"，教师"在哪里观察"不是随意的，而应依靠特定的价值取向有意地创设活动情境进行观察。持有不同的价值取向，教师所创设的活动情境就会有所区别，那么观察自然发生在不同的活动情境中。如果教师的价值取向是幼儿应在有限的时间内学到最多知识技能，他们就倾向于创设直接教学活动，通过直接传授和强化训练的方式对幼儿实施教育；如果教师的价值取向是幼儿应该学会学习的方法和过程，他们就倾向于创设过程导向的教学活动，因为他认为"知识不是通过他人的传授而获得的，幼儿通过操作实物，从而在学习的过程中建构自己的概念"[②]，"教育是一个一分钟一分钟、一小时一小时、一天一天地耐心地掌握细节的过程，不存在一条灿烂的、概括铺成的空中过道通往学问的捷径"[③]。不同的活动情境均体现了教师在不同价值取向引领下的有意设计，这些活动情境也为教师的观察提供了不同的情境与可能性。

因此，幼儿园教师依据自身特定的价值取向，根据幼儿的学习与发展情况，确定特定的幼儿学习与发展目标，积极创设有意义的活动情境，促进幼儿的有意义学习，以支持幼儿在这一活动情境中达成学习目标，并实现在这一特定的活动情境中进行观察。

2. 观察路径应基于活动实施与情境变化循序实施

观察路径是教师实施观察的基本过程与步骤。教师的观察是在有意图地设计与

① 杨治良，郝兴昌. 心理学辞典 [M]. 上海：上海辞书出版社，2016：552.
② 怀特海. 教育的目的 [M]. 徐汝舟，译. 北京：生活·读书·新知三联书店，2022.
③ ANASTASIOU L, KOSTARAS N, KYRITSIS E, et al. The construction of scientific knowledge at an early age: two crucial factors[J]. Creative Education, 2015, 6(2): 262-272.

组织的活动情境中展开，也相应地受到活动情境的限制。在教育中，任何活动情境总是一种目的性的存在，教师创设的各种活动情境总是目标导向地、带有意图地期望得到某些教育结果，[①] 具体来说，特定的活动情境均与特定的幼儿学习与发展目标紧密联系，而特定的幼儿学习与发展目标指向教师预期的幼儿典型行为表现，当特定的活动情境引发幼儿产生与预期一致的典型行为表现时，教师才能在活动中观察并收集幼儿达成学习与发展目标情况的信息。例如，如果教师想知道幼儿能否解决某类问题，就需要为幼儿提供解决某类问题的特定活动情境，支持幼儿进行该类问题的解决过程，此时教师才可能观察到幼儿解决这类问题的典型行为表现，获得幼儿达成这一特定学习目标情况的信息。所以，特定活动情境的设置必须能引发幼儿产生与教师目标导向所期望的典型行为表现，否则教师就无法在活动过程中获得与目标相关的观察数据。可见，特定的活动情境为教师的观察过程提供了基本场域，也必然地引领着教师的观察过程。

3. 观察策略的选择应基于活动情境

观察策略是指教师实施观察的具体方法和工具。观察需要选择规范的观察策略，观察策略是经过精心选择的，观察工具具有理论依赖性。理论给观察者提供可以遵照执行的具体操作程序、技术、工具等，为观察者如何观察得更有效准确、描述得更具体清楚提供指导。已有研究指出，"科学是通过收集数据或'事实'来进步的想法是天真的。收集数据是为了探究一种直觉、猜测、假设或理论。如果没有什么东西来指导观察，那就只是随机收集观察结果：这有点像收集汽车号码，把它们写下来，除了列出看到的数字外别无其他目的"。概括来说，幼儿园教师应尽可能地采用规范的策略与工具发现观察对象，并且尽可能详细正确地记录并分析这些信息。观察策略的选择与活动情境紧密相关，需要综合考虑不同活动情境的目的、内容、组织实施等因素。例如，在支持幼儿学习如何解决某类问题的活动情境中，教师需要采用持续记录的方式才能观察到幼儿的问题解决过程，获得幼儿达成这一特定学习目标的有效信息。因此，教师的观察策略并非固定的、拿来就用的观察记录技术与工具，而应该是情境性的、适合这一特定情境下使用的观察技术与工具，从而能够在特定的活动情境中获得有效的观察数据。可以说，精心组织的活动情境为教师选择观察策略提供依据，也对观察策略的使用产生影响。

（三）意义延展观察：教师观察结果应服务于教学改进

观察结果的价值在于通过分析解释进行意义建构，并通过延展意义服务于后续

---

① 王少非. 促进学习的课堂评价 [M]. 上海：华东师范大学出版社，2018：141.

行动改进。幼儿园教师对观察结果应作系统性的分析和解释，根据对观察结果的解释来确定教学改进的方向，引领教学改进的行动，并由此提出具体的、可操作的举措和策略。

1. 观察结果应作系统性的分析与解释

幼儿园教师对观察结果的解释应作系统性的分析与解释，这种系统性和意义性的分析模式取决于教师的理念，受到特定价值取向、观察目标和观察指标的影响与约束，指向观察结果的意义建构。研究表明，幼儿园教师的观察并不是对活动中的幼儿进行"照镜子"式的观察，而是作为主体面临教育情境的一种能动的建构过程，这种能动的建构过程体现了教师持有的理念对解释观察结果的基础作用。从这个意义上，持有工具主义取向的教师对观察结果的分析主要是为了发现幼儿表现得好坏，以确定幼儿发展等级，是一种给幼儿"贴标签"的诊断性分析；而持有发展主义取向的教师则认为观察结果的分析是为了发现幼儿的闪光点和进步，以确定幼儿的教育契机和激发幼儿的内在学习动机，是为促进幼儿的学习与发展而进行的发展性评价。对于同样的观察结果，不同的分析模式所产生的意义是不同的。已有研究发现，当一个人在某一领域内获得专业理论知识时，则更善于理解该领域内发生的情况。许多不同领域的专家，从国际象棋到物理学专家，都会用重要的、更宏大的理论来表征复杂的问题。[①] 对专家教师的研究同样表明，专家教师具有更加复杂的知识结构，其认知中的图式和脚本能够帮助其更好地觉察和理解课堂模式，专家教师在观察中会将特定的课堂互动，与其所代表的更广泛、更一般的教与学的概念和原则之间建立联系。[②] 因此，理论促使教师把观察到的现象作为与其他现象相关联的、一定的类来观察，把观察现象纳入理论体系之中。

2. 观察解释应立足具体情境引领后续教学改进

幼儿园教师对观察结果的解释应结合具体活动情境，只有根据具体的活动情境，教师才能具体分析幼儿在活动中的真实行为表现，并据此分析幼儿的发展水平和需求，切实找准幼儿的"最近发展区"，作出幼儿下一步学习与发展目标的判断。在具体分析幼儿行为表现的同时，教师也应反思自身对幼儿的支持行为，判断自身教育教学策略是否有效地支持了幼儿的学习与发展，从而引领着教学改进的思路和方向，为接下来创造新的教育计划奠定基础。

3. 观察解释应指向改进型的可操作举措和策略

幼儿园教师对观察结果的解释应指向改进型的可操作性举措和策略，这些举措和策略主要体现在两个方面：一方面包括教师对幼儿行为表现的及时的、抓住

---

① CHI M T H, GLASER R, FARR M J.The nature of expertise[M]. Hillsdale: Erlbaum, 1988: XIX.

② STERNBERG R J, HORVATH J A. A prototype view of expert teaching[J]. Educational Researcher, 1995: 24(6): 9–17.

契机的反馈。研究表明，反馈是对儿童学业成就影响最有力的因素。从技术层面讲，最好的反馈是能根据目标和标准非常具体地、直接地揭示或细微地描述对儿童来说清晰的、可利用的实际结果。[①]幼儿园教师应有意识地及时发现幼儿的进步，肯定与赞赏幼儿的积极行为表现，帮助幼儿明确自身学习结果与学习目标的差距，为幼儿的自我反思提供研判信息的标准，激励幼儿拓展与创造进入下一轮学习的可能性。另一方面，教师的后续支持策略可以是延时的、下一步的教育计划，即教师需要有能力合理制订后续的教育计划，安排幼儿未来的游戏和生活，以促进幼儿的进一步学习与发展。从这个意义上说，观察的价值"并不是为了展示某一行为的全部过程，还在于教师对幼儿活动过程的解释，并最终使观察最终成为教师和幼儿进一步获得学习和发展的平台"[②]。因此，教师应基于对观察结果的全面分析与准确判断，做出合适的教学决策，制订教育教学计划，设计新的活动情境。这一新的活动情境又进一步延展了观察，构成了教师观察的新情境，从而形成了"幼儿学习—教师观察—教师评价—幼儿再学习—教师再观察"的良性循环。

总之，幼儿园教师的观察受特定价值取向及其目标体系决定，观察过程受由特定价值取向决定的特定活动情境制约，观察结果由特定价值及其决定的特定情境解释，并影响教师的后续行动。所以，幼儿园教师应着力建立合理的价值取向，以此建构明确的目标体系，在特定活动情境中儿童的学习与发展过程进行观察，达成对观察结果的合理阐释与恰当理解，并由此建构其对后续教育教学的行动意义。

六、幼儿行为观察的理论依据

（一）儿童发展理论

对幼儿园教师来说，儿童学习与发展的规律和特点是进行观察的基础理论，观察前应明确各年龄段幼儿的发展目标。尽管每个幼儿都有其自身独特的发展速度，遗传、环境也同样会影响幼儿发展的步伐，但多数幼儿在总体上都遵循共同的发展序列，在不同年龄段表现出相应的典型行为表现。幼儿园教师只有掌握儿童学习与发展的知识，才能在头脑中建立起一个完整的概念体系，知道幼儿在什么年龄阶段可能会表现出哪些典型行为，当幼儿在活动中表现出这些典型的、重要的行为时，

---

① GOODWIN B, MILLER K. Good feedback is targeted, specific, timely[J]. Educational leadership, 2012, 70(1): 82–83.

② 傅小芳. 反思当前的学前教育评价：从瑞吉欧教育体系中的记录说起 [J]. 学前课程研究，2008（3）：17–19.

幼儿园教师才能将理论作为参考系来观察和捕捉幼儿的这些行为。只有掌握儿童学习与发展的知识，教师在观察和捕捉幼儿行为之后，才能对儿童为什么做某件事情有深入了解。

具体来说，这些理论的贡献在于能让教师充分理解幼儿所经历的认知、情感、身体、社交等方面的成长与变化，促使教师更加深入地了解幼儿是如何学习的，以及他们怎样才能得到更好的教育。已有的儿童学习与发展理论十分丰富，行为主义理论、认知发展理论、社会文化理论、依恋理论、社会学习理论、精神分析理论等不同理论共同深化着人们对儿童学习与发展的理解，尽管这些理论并不一致，但我们可以这样去理解："我们有各种不同的学习理论。每一种理论强调的是学习的不同方面，因此每一种理论只对特定的意图有效。这种差异有些表现在它们有意地强调学习过程多个维度的某一个方面，另外有一些体现在它们关于知识本质、学习过程、学习者情况的不同的假设上，这些差异导致我们对于什么是学习中重要的问题上有不同的看法。"① 但无论选择哪种理论，这种理论都会渗透在教师的观察准备、观察实施和观察结果的分析与应用中，根深蒂固地影响着教师的观察实践。

幼儿园教师有必要了解经典理论流派对儿童学习与发展规律的描述，从多元视角建立对儿童学习与发展的理解。有学者曾总结了影响学前教育实践的三种理论立场：以行为主义为代表的遵从立场、以认知发展主义为代表的变革立场和以社会建构主义为代表的转型立场。② 例如，行为主义理论认为，儿童被视作无知的、容易厌倦的个体，学习是被动而非主动的过程，但如果给予儿童适当的激励，规则清晰、奖惩一致，儿童能够服从和愿意学习；认知发展理论认为，儿童是不成熟的个体，其走向成熟的过程具有阶段性，但儿童在每个发展阶段中都是有能力的积极学习者，发展推动着学习；而社会文化建构理论认为，儿童从出生起就是意义的创造者、贡献者和影响者，学习推动发展，儿童发展主要受文化和社会的影响，集体学习与个体学习同样重要。因此即使观察同一名幼儿，持有不同理论观点的教师的观察取向并不相同，不同的观察目标伴随着不同的观察评价方式。

（二）《3～6岁儿童学习与发展指南》

由于关于儿童学习与发展的理论众多，幼儿园教师很难全面掌握并有效应用。

---

① WENGER E. Communities of practice: learning, meaning, and identity[M]. New York: Cambridge University Press, 1998: 3.
② GLAZZARD J, CHADWICK D, WEBSTER A, et al. Assessment for learning in the early years foundation stage[M]. London:Sage Publication, 2010: 27.

《3～6岁儿童学习与发展指南》按照五大领域详细列出了幼儿3～6岁每一年龄段的发展特点和目标，这能够帮助教师建立起观察幼儿的"概念地图"，为教师有目的地确定观察目标、有依据地分析幼儿行为、科学性地反思自身教育教学行为提供了重要依据。《指南》

3～6岁儿童学习与发展指南

作为幼儿行为观察的依据，对教师而言具有很强的操作性，而教师通过观察了解幼儿、促进幼儿学习与发展也是落实《指南》的重要途径。

《指南》明确规定了不同年龄幼儿应该达到的发展目标、应该表现出的典型行为表现，实际上就是对幼儿学习与发展规律的具体描述。同时，《指南》让教师做到"心中有目标，眼中有儿童"，帮助教师更加科学、准确地观察、了解幼儿，因此，教师应该熟知《指南》各领域的发展目标和不同年龄段幼儿的典型行为表现（图1-5）。

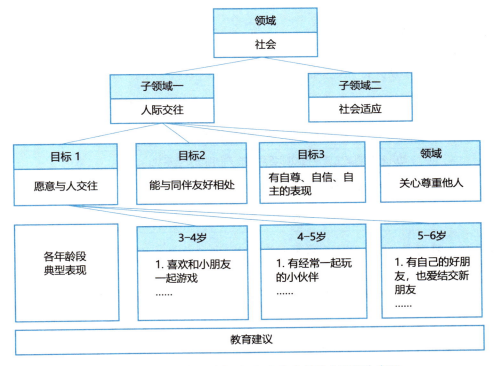

图1-5 幼儿社会领域发展目标与各年龄段典型行为表现

在《指南》中，发展目标表述的是对幼儿发展结果的期望，典型行为表现是对发展目标的具体化，也是幼儿体现达成发展目标的关键的、典型的行为表现（表1-2）。

表 1–2 《指南》中科学领域的目标 2 及幼儿典型行为表现

目标 2 具有初步的探究能力

3～4 岁	4～5 岁	5～6 岁
1.对感兴趣的事物能仔细观察，发现其明显特征 2.能用多种感官或动作去探索物体，关注动作所产生的结果	1.能对事物或现象进行观察比较，发现其相同与不同 2.能根据观察结果提出问题，并大胆猜测答案 3.能通过简单的调查收集信息 4.能用图画或其他符号进行记录	1.能通过观察、比较与分析，发现并描述不同种类物体的特征或某个事物前后的变化 2.能用一定的方法验证自己的猜测 3.在成人的帮助下能制定简单的调查计划并执行 4.能用数字、图画、图表或其他符号记录 5.探究中能与他人合作与交流

【我来写一写】

1. 下面关于幼儿行为观察的描述，你认为哪些是正确的？请在正确描述后面的圆圈内画√。

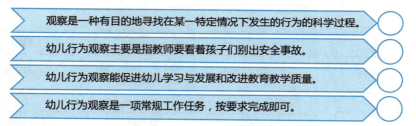

2. 一般而言，幼儿行为观察有哪些特征？请在你认为正确的特征旁边画√。

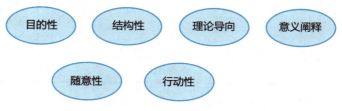

3. 下面哪些是幼儿行为观察的意义和价值？请你圈出来。

【我来练一练】

请选择 3 种幼儿园常用的幼儿行为观察方法，并说一说你打算如何使用这些观察方法。

第二节　在各种活动样态中主动观察幼儿行为

【我来写一写】

回顾你曾经观察幼儿的经历，请在下面写出观察的内涵和特征是什么，观察的意义和价值是什么，以及观察是否需要使用理论引领。

> 幼儿行为观察是什么？
> （1）
> （2）
> （3）
> 幼儿园教师为什么要观察幼儿的行为？
> （1）
> （2）
> （3）
> 观察需要理论引领吗？为什么？
> （1）
> （2）
> （3）

一、在一日生活活动中主动观察幼儿的典型行为

（一）活动 1.1：讲故事

活动内容：请你回顾自己所在班级的一日生活活动，或者曾经观摩过的一日生活活动，向他人讲述一个具有代表性的一日生活活动中的观察故事。

怎样进行活动：

1. 你可以和同事讲，也可以和一起参与培训或研修的小组成员讲。故事应描述出你对观察幼儿的内涵和价值的理解。

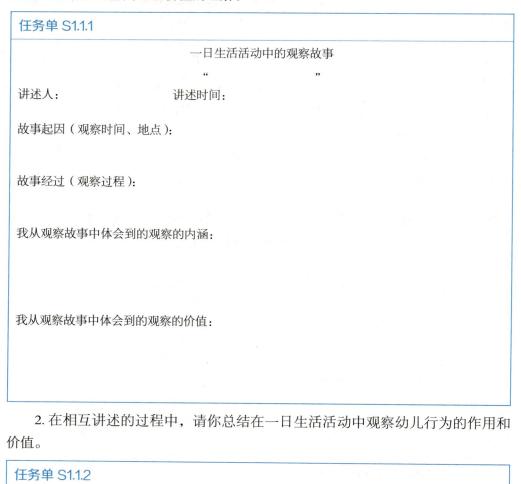

任务单 S1.1.1

一日生活活动中的观察故事
"   "

讲述人：   讲述时间：

故事起因（观察时间、地点）：

故事经过（观察过程）：

我从观察故事中体会到的观察的内涵：

我从观察故事中体会到的观察的价值：

2. 在相互讲述的过程中，请你总结在一日生活活动中观察幼儿行为的作用和价值。

任务单 S1.1.2

我认为在一日生活活动中观察幼儿行为的作用和价值

1.

2.

3.

3. 你也可以举例说明自己在一日生活活动中观察幼儿存在不足的地方，然后反思下次希望重点改进的三个方面。

任务单 S1.1.3

简要描述不足：

我的思考与改进：

1.

2.

3.

（二）活动 1.2：课堂观摩

1. 观摩目的

（1）重点观察 1 名幼儿在一日生活活动的某个环节中的典型行为表现。

（2）观察带班教师是如何支持和引导幼儿的。

2. 观摩前的准备工作

（1）经验准备

教师掌握幼儿行为观察的内涵、特征、意义、价值和理论基础。

教师掌握课堂观摩的目标、重点和难点，在观摩中的注意事项等内容。

（2）物质准备

课堂观摩工具；手机、相机等拍摄工具。

3. 观摩过程中需要使用的工具

任务单 S1.1.4

一日生活活动中的幼儿典型行为观察表		
观察时间：	观察地点：	观察者：
观察对象：	班级：	带班教师：
你在哪个环节进行了观察？请在方框中画√		
我观察的一日生活活动环节	□ 入园 □ 饮水 □ 盥洗 □ 进餐 □ 如厕 □ 午睡 □ 整理 □ 户外活动 □ 离园	

续表

幼儿_____的典型行为表现：	
带班教师使用了这些方法和策略来支持和引导幼儿：	
我对"什么是观察"的反思：	我对"为什么要主动观察幼儿"的反思：

（三）活动1.3：案例分析

1. 案例呈现

观察对象	子睿	年龄	4 岁	性别	男
观察者	王老师	观察时间	3 月 16 日	观察地点	自然角
观察目的	如何转移幼儿的悲伤情绪				
观察实录	子睿是本学期刚刚加入这个班的孩子，他还处在有些"分离焦虑"的调整时期。本周是子睿进入集体生活的第三周，他和小朋友、老师相处了一段时间后，焦虑的情绪基本缓解了，只是偶尔还会"想妈妈"。　　今天早晨子睿较早来到了幼儿园，7 点 40 分左右他自己便慢慢地走进楼道。他看上去情绪不高，走得不紧不慢。当他抬头看到我的时候，距离我有七八米，他先是眼睛用力眨了一下，然后跑跳着就过来了，但他没有说话。我嘴里一边说着"子睿，早上好！"一边蹲了下来，与他的视线尽量齐平。我想看看他有没有流眼泪的情况。他的脸上有一丝丝"惆怅"，看来还是有些不太情愿。"子睿每次都来得很早，早睡早起真不错。对了，你还没有和我打招呼呢！"他看着我的眼睛，露出了一点点笑意，说"老师早上好！"，然后低着头径直走进了教室。　　脱衣服和放书包这两件事情他没有去做，而是先在班里转了一圈，我问："你在找什么呢？"他说："老师，我的椅子呢？"我说："别着急，咱们先放好书包和外套，再去搬椅子吧。"听我这么一说，他才反应过来，自己的书包一直背着，他转头看看后背上的书包，又低头看看身上的黑色外套，忽然抬起头大声地哭了起来。我赶忙抱了抱他，让他哭了一会儿后，我询问了哭泣的原因。他小声地带着哭腔说："我有点想家，想妈妈。""我知道你现在的心情不太好，但是每个长大的孩子都要来幼儿园里玩，和小朋友们一起玩，你觉得幼儿园好玩吗？"我轻轻地和他说。此时他停止了哭泣，很肯定地说："幼儿园好玩！"听他这么一说，我赶快转移话题："是呀，幼儿园多好玩呀！你赶快去洗手、漱口，一会儿咱们看看前两天种的小种子怎么样？"他好像想起了什么事情，放

续表

观察实录	下书包和衣服就直奔自然角。子睿站在绿色种植盒前认真地看着，然后高兴地指着土里一个裂开口子的地方说："老师，老师，你快来看呀，这儿有一个小芽儿！"我走过去一看，还真是有一个刚露出头来的小芽苗。"老师，这是我之前种的那个豆子吗？"子睿认真地看着我问道。我说："是呀，就是那个豌豆种子！""哈哈，它真的发芽了！这真的是那个种子吗？"子睿一边笑着一边疑惑地自语着，此时他脸上的泪珠还没有干。 　　之后，我请他先去做完事情再来观察。他速度很快地跑跳着去叠了衣服、放了书包，轻轻搬起椅子归位。在我的提醒下，他认真洗了手、漱了口。因为子睿是最先发现豌豆出芽的孩子，于是我请他向班里的其他小朋友介绍，他很高兴地做了这件事。看着他和大家一起观察、指指点点地说着种子发芽的事情，我感到他的悲伤情绪已经"飞"走了。 　　　　　　　　　　　　　　　　　　（北京市大兴区第十一幼儿园，王春静）

2. 案例分析

（1）你能描述一下案例中幼儿的典型行为表现吗？

任务单 S1.1.5

我眼中的子睿：

（2）王老师为什么要观察这名幼儿？王老师的观察具有什么样的特征？

任务单 S1.1.6

王老师观察这名幼儿的原因：

王老师的观察具有这些特征：

（3）王老师在一日生活活动中观察到的幼儿行为可以从哪些方面进行分析？

任务单 S1.1.7

（4）请你根据自己的实践经验，设计一个在一日生活活动中主动观察幼儿的观察方案。

任务单 S1.1.8

在一日生活活动中主动观察幼儿的行为

观察目的：

观察准备：

观察过程：

观察分析：

二、在区域游戏活动中主动观察幼儿的典型行为

（一）活动 2.1：讲故事

活动内容： 请你回顾自己所在班级的区域游戏活动，或者是曾经观摩过的区域游戏活动，向他人讲述一个具有代表性的区域游戏活动中的观察故事。

怎样进行活动：

1. 你可以和同事讲，也可以和一起参与培训或研修的小组成员讲。故事应描述出你从中体会到的观察内涵、特征、价值、意义和理论使用情况。

任务单 S1.2.1

区域游戏活动中的观察故事

" "

讲述人：　　　　　　　讲述时间：

故事起因（观察时间、地点）：

故事经过（观察过程）：

我从观察故事中体会到的观察的内涵：

我从观察故事中体会到的观察的价值：

2. 在相互讲述的过程中，请你总结出在区域游戏活动中观察幼儿的作用和价值。

任务单 S1.2.2

我认为在区域游戏活动中观察幼儿的作用和价值

1.

2.

3.

3. 你可以举例说明自己在区域游戏活动中观察幼儿存在不足的地方，然后反思下次希望重点改进的三个方面。

任务单 S1.2.3

简要描述不足：

我的思考与改进：
1.
2.
3.

（二）活动 2.2：课堂观摩

1. 观摩目的

（1）重点观察 1 名幼儿在某个区域游戏活动中的典型行为表现。

（2）观察带班教师是如何支持和引导幼儿的。

2. 观摩前的准备工作

（1）经验准备

教师掌握幼儿行为观察的内涵、特征、意义、价值和理论基础。

教师掌握课堂观摩的目标、重点和难点，在观摩中的注意事项等内容。

（2）物质准备

课堂观摩工具；手机、相机等拍摄工具。

3. 观摩过程中需要使用的工具

任务单 S1.2.4

<table>
<tr><td colspan="3" align="center">区域游戏活动中的幼儿典型行为观察表</td></tr>
<tr><td>观察时间：</td><td>观察地点：</td><td>观察者：</td></tr>
<tr><td>观察对象：</td><td>班级：</td><td>带班教师：</td></tr>
<tr><td colspan="3">观察区域：□美工区 □阅读区 □表演区 □建构区 □益智区 □其他区_____</td></tr>
<tr><td>活动过程①</td><td align="center">观察到的幼儿行为</td><td align="center">观察到的教师支持策略</td></tr>
<tr><td>产生兴趣阶段</td><td></td><td></td></tr>
<tr><td>开始操作阶段</td><td></td><td></td></tr>
<tr><td>专心致志阶段</td><td></td><td></td></tr>
<tr><td>完成活动阶段</td><td></td><td></td></tr>
</table>

---

① 区域游戏活动过程主要包括产生兴趣阶段、开始操作阶段、专心致志阶段、完成活动阶段。其中，产生兴趣是指幼儿对某个活动区的某些材料产生兴趣；开始操作是指幼儿开始在活动区对一些材料进行探索和操作；专心致志是指幼儿专注地完成活动材料的探索和操作，尝试解决遇到的问题和困难；完成活动是指幼儿对活动进行分享、反思与整理。

续表

	我认为值得学习的地方	我认为可以改进的地方
观察反思	1. 2. 3.	1. 2. 3.

（三）活动 2.3：案例分析

1. 案例呈现

观察对象	潇泽	年龄	4 岁	性别	男
观察者	李老师	观察时间	5 月 6 日	观察地点	益智区
观察目的	在区域游戏中对材料的探索和游戏程度				
观察实录	潇泽从益智区搬来了多米诺骨牌游戏盒，这个盒子很大，他的两只小手紧紧地抱着，恐怕盒子掉了。打开盒子，里面的多米诺骨牌映入眼帘，潇泽想了想，便开始一点一点地"建造"起来。因为多米诺骨牌数量比较多，牌身也比较薄，认真地摆了几分钟后，拼搭出一个三层的镂空建筑，颜色搭配得很鲜艳。旁边的元元忍不住看着潇泽搭建的这个彩色建筑。接着，潇泽沿三层镂空的楼房开始摆放多米诺骨牌的经典"造型"，看来在摆倒塌路线。 不一会儿，潇泽摆出了一条很长的彩色"道路"，他在路的尽头放上一个白色斜坡小拱桥玩具，并拿来一个小球，准备迎接"倒塌时刻"！我很好奇地问："你摆的是什么？""李老师，你看这像一辆火车吗？"他抬起头问。我点头说："很像。"潇泽继续说："老师，一会儿这辆火车就会倒塌的。""你一定可以成功的"，我鼓励着说。但此时，我发现了一个问题，他摆放的多米诺骨牌都是紧紧挨在一起的。这种情况显然不能依次被推倒。当潇泽把白球滚动下来后，小球被"阻拦"在了第一张骨牌处。他低头仔细查看，心里不太能明白，仿佛在说：怎么会没有倒塌呢？身边的子睿看到后，指着多米诺骨牌说："李老师，他摆放得太近了。"潇泽听后点了点头，将多米诺骨牌进行调整，他把其中一些牌放到旁边，将立着的牌依次挪动位置。很快，一条有着基本相同间隔的牌道摆好了。这一次，潇泽的"倒塌时刻"成功了！推动力的作用把之前的三层建筑也一同撞倒，且成功地撞到了前面设置的"小铃铛"。看着潇泽低头抿嘴笑的样子，我知道他感受到了成功的快乐。 （北京市大兴区第十一幼儿园，孙亚男）

2. 案例分析

（1）你能描述一下案例中幼儿的典型行为表现吗？

任务单 S1.2.5
我眼中的幼儿：

（2）李老师为什么要观察这名幼儿？李老师的观察有什么样的特征？

任务单 S1.2.6
李老师观察这名幼儿的原因：   李老师的观察有这些特征：

（3）李老师在区域游戏活动中观察到的幼儿行为可以从哪些方面进行分析？

任务单 S1.2.7

（4）请你根据自己的实践经验，设计一个在区域游戏活动中主动观察幼儿的观察方案。

任务单 S1.2.8
在区域游戏活动中主动观察幼儿的行为 观察目的：

续表

<table>
<tr><td>

观察准备：

观察过程：

观察分析：

</td></tr>
</table>

三、在综合主题活动中主动观察幼儿的典型行为

（一）活动 3.1：讲故事

活动内容：请你回顾自己所在班级的综合主题活动，或者是曾经观摩过的综合主题活动，向他人讲述一个具有代表性的综合主题活动中的观察故事。

怎样进行活动：

1. 你可以和同事讲，也可以和一起参与培训或研修的小组成员。故事应描述出你从中体会到的观察内涵、特征、价值、意义和理论使用情况。

任务单 S1.3.1

综合主题活动中的观察故事

"　　　　"

讲述人：　　　　　　讲述时间：

故事起因（观察时间、地点）：

续表

故事经过（观察过程）：

我从观察故事中体会到的观察的内涵：

我从观察故事中体会到的观察的价值：

2. 在相互讲述的过程中，请你总结出在综合主题活动中观察幼儿的作用和价值。

任务单 S1.3.2

我认为在综合主题活动中观察幼儿的作用和价值

1.

2.

3.

3. 你也可以举例说明自己在综合主题活动中开展观察不足的地方，然后反思下次希望重点改进的三个方面。

任务单 S1.3.3

简要描述不足：

我的思考与改进：

1.

2.

3.

（二）活动 3.2：课堂观摩

1. 观摩目的

（1）重点观察 1 名幼儿在综合主题活动中的典型行为表现。

（2）观察带班教师是如何支持和引导幼儿的。

2. 观摩前的准备工作

（1）经验准备

教师掌握幼儿行为观察的内涵、特征、意义、价值和理论基础。

教师掌握课堂观摩的目标、重点和难点，在观摩中的注意事项等内容。

（2）物质准备

课堂观摩工具；手机、相机等拍摄工具。

3. 观摩过程中需要使用的工具

任务单 S1.3.4

<table>
<tr><td colspan="3" align="center">综合主题活动中的幼儿典型行为观察表</td></tr>
<tr><td>活动主题</td><td colspan="2"></td></tr>
<tr><td>活动对象</td><td colspan="2"></td></tr>
<tr><td>活动目标</td><td colspan="2"></td></tr>
<tr><td>活动重点</td><td colspan="2"></td></tr>
<tr><td>活动准备</td><td colspan="2"></td></tr>
<tr><td>活动过程①</td><td align="center">观察到的幼儿典型行为表现</td><td align="center">观察到的教师支持策略</td></tr>
<tr><td>产生兴趣阶段</td><td></td><td></td></tr>
<tr><td>主动体验阶段</td><td></td><td></td></tr>
<tr><td>深度探究阶段</td><td></td><td></td></tr>
<tr><td>分享合作阶段</td><td></td><td></td></tr>
<tr><td>联想创意阶段</td><td></td><td></td></tr>
</table>

---

① 综合主题活动包括产生兴趣、主动体验、深度探究、分享合作、联想创意五个环节。详见第二章"选择观察情境"中的"综合主题活动"。

（三）活动 3.3：案例分析

1. 案例呈现

请阅读综合主题活动"我是花木兰"的主动体验环节的观察实录。

综合主题活动"我是花木兰"的主动体验环节的观察实录

张老师手里拿着图画书，面带微笑地问小朋友："谁能跟我说说花木兰有过什么样的故事呢？"小朋友们纷纷举起了小手。张老师对一个小女孩说："你来说一说。"小女孩回答的声音很小，几乎听不到。张老师身体前倾说："请你大点声。"小女孩提高了音量说："扎伤了。"张老师点点头说："哦，花木兰扎伤了。"接着张老师继续追问："她是做什么的时候扎伤的呀？"穿着牛仔衣服的小朋友高高地举起了手，张老师示意他来回答，他回答道："去战场。"张老师问："去战场的时候怎么了？"穿着牛仔衣服的小朋友说："花木兰替他的爸爸去战场，然后受伤了。"

张老师打开手中的图画书，带着愉悦的表情说："今天我们再来复习一下花木兰的故事，请你把你看到的花木兰的故事说出来。"接着说道："这一页是有个小朋友做了一个梦，他梦见了花木兰。这是花木兰在哪里呀？"小朋友一起回答："家里。"张老师看着图画书说："花木兰在家里呀，骑马、射箭、舞刀、使枪、放羊、打猎。"小朋友们身体前倾，嘴巴微微张开，眼睛看着张老师手里的图画书，认真听着老师讲故事。

张老师又翻开了一页图画书，问："她的手里拿着什么呀"。小朋友们异口同声地说："长矛。"张老师看着小朋友问"这个时候的花木兰，头发是什么样子的？"小朋友们回答道："长的"。张老师翻开下一页图画书，看着图画书说："这时候，北方来了游牧民族，他们来掠夺财富，战争开始了，父亲征兵要去上战场，花木兰心疼他的父亲，于是她就要跟她的父亲比一比，她赢了父亲还是输给了父亲？"小朋友们回答道："赢了。""赢了父亲，所以她就替父亲上战场了，"张老师说完翻开一页图画书，继续给小朋友讲述花木兰的故事。

故事讲完了，张老师合上图画书提问道："请小朋友们来说一说，你最喜欢什么时候的花木兰？"一个小男孩站起来，声音响亮地说："战场上的！"张老师问："你为什么喜欢战场上的花木兰，她是什么样子的呢？"小男孩回答道："很帅！"老师接着请另一个小女孩回答问题，小女孩说："我喜欢在家的花木兰。"张老师提示道："请你大声点说，你喜欢在家干什么的花木兰呢？"小女孩说："我喜欢在家里给牡丹花浇水的花木兰。"张老师一边听小朋友的回答，一边打开图画书的相应页面。红衣服的小女孩说："我喜欢在家里看书的花木兰。"张老师问："为什么呢？"小女孩回答："因为她看书的时候特别漂亮。"张老师把图画书递给小女孩，问："你能把图画书翻开，把你喜欢的花木兰指给大家看吗？"小女孩接过图画书，给大家指了指看书的花木兰。张老师说："那你能学一下看书时候的花木兰是什么样子的呢？"小女孩迟疑了一会，默默低下了头，不知道该如何模仿。张老师提示道："看书的时候有什么呢？你们都是怎么看书的？"张老师通过提问，引导幼儿说出"书卷"。小女孩听完，把双手平摊举到胸前，低下头看着自己的手，仿佛在全神贯注地看书。张老师点了点头，赞扬道："你模仿得很准确，小朋友们还可以用怎样的姿势模仿看书呢？"小朋友们纷纷尝试模仿花木兰看书的姿势，有的小朋友将双手手掌合上又打开，模仿在翻书；有的小朋友举起一只手掌放在眼前，另一只手作托腮状，仿佛在思考。

　　张老师接着说："每一个小朋友心中都有自己喜欢的花木兰。张老师在后面给你们准备了画花木兰的材料，请大家分组进行创作吧！"

2. 案例分析

（1）你能描述一下案例中 1～2 名幼儿的行为表现吗？

任务单 S1.3.5

（2）为什么要在综合主题活动中观察幼儿？综合主题活动中的观察有什么样的特征？

任务单 S1.3.6
在综合主题活动中观察幼儿的原因：
综合主题活动中的观察有这些特征：

（3）我们在综合主题活动中观察到的幼儿行为可以从哪些方面分析？

任务单 S1.3.7

（4）请你根据自己的实践经验，设计一个在综合主题活动中主动观察幼儿的观察方案。

任务单 S1.3.8

在综合主题活动中主动观察幼儿的行为

观察目的：

观察准备：

观察过程：

观察分析：

四、在早期阅读活动主动观察幼儿的典型行为

（一）活动 4.1：讲故事

活动内容：请你回顾自己所在班级的早期阅读活动，或者是曾经观摩过的早期阅读活动，向他人讲述一个具有代表性的早期阅读活动中的观察故事。

怎样进行活动：

1. 你可以和同事讲，也可以和一起参与培训或研修的小组成员。故事应描述出

你从中体会到的观察的内涵特征、价值意义和理论使用情况。

任务单 S1.4.1

早期阅读活动中的观察故事
"   "

讲述人：   讲述时间：

故事起因（观察时间、地点）：

故事经过（观察过程）：

我从观察故事中体会到的观察的内涵：

我从观察故事中体会到的观察的价值：

---

2. 在相互讲述的过程中，请你总结出在早期阅读活动中观察幼儿的作用和价值。

任务单 S1.4.2

我认为在早期阅读活动中观察幼儿的作用和价值

1.

2.

3.

---

3. 你可以举例说明自己在早期阅读活动中观察幼儿存在不足的地方，然后反思下次希望重点改进的三个方面。

任务单 S1.4.3

简要描述不足：

我的思考与改进：
1.
2.
3.

（二）活动 4.2：课堂观摩

1. 观摩目的

（1）重点观察 1 名幼儿在早期阅读活动中的典型行为表现。

（2）观察带班教师是如何支持和引导幼儿的。

2. 观摩前的准备工作

（1）经验准备

教师掌握幼儿行为观察的内涵、特征、意义、价值和理论基础。

教师掌握课堂观摩的目标、重点和难点，在观摩中的注意事项等内容。

（2）物质准备

课堂观摩工具；手机、相机等拍摄工具。

3. 观摩过程中需要使用的工具

任务单 S1.4.4

<table>
<tr><td colspan="3">早期阅读活动中的幼儿典型行为观察表</td></tr>
<tr><td>观察时间：</td><td>观察地点：</td><td>观察者：</td></tr>
<tr><td>观察对象：</td><td>班级：</td><td>带班教师：</td></tr>
<tr><td>图画书名称及简介</td><td colspan="2"></td></tr>
<tr><td>活动过程</td><td>观察到幼儿的典型行为</td><td>观察到教师的支持行为</td></tr>
<tr><td>听一听环节</td><td></td><td></td></tr>
<tr><td>想一想环节</td><td></td><td></td></tr>
<tr><td>说一说环节</td><td></td><td></td></tr>
<tr><td>用一用环节</td><td></td><td></td></tr>
</table>

续表

观察反思	我认为值得学习的地方	我认为可以改进的地方
	1.	1.
	2.	2.
	3.	3.

（三）活动 4.3：案例分析

1. 案例呈现

观察者	刘老师	班级	中三班	时间	10 月 10 日
观察目的	霖霖能否根据图片内容用语言描述相关特征				
观察 实录	区域活动开始了，霖霖来到图书区很兴奋地拿起《中国国宝大熊猫百科绘本》，从第一页开始认认真真地看起来。 　　看了四页后，她开始皱眉头，然后拿着书去找铭铭说："这本书是你带来的，能给我讲一讲吗？我看了一半后面看不懂了。"铭铭见状连忙把自己的玩具收了起来，来到图书区给霖霖一页一页地讲，两个人边讲边交谈。霖霖指着雪地里的熊猫问铭铭："老师说过，狗熊到冬天都会冬眠。大熊猫为什么不冬眠啊？"铭铭很耐心地解释："因为熊猫的皮毛比较厚，里面的脂肪足够它冬天抵御寒冷。而且它们以竹子为主食，竹子在冬天不会枯萎，大熊猫不会缺乏食物，所以它不需要冬眠。" 　　整个活动区时间他俩都在看这本书。不时有幼儿加入他们的队伍，一起翻看自己带的图书 　　　　　　　　　　　　　　　　　　（北京市丰台区育英幼儿园，刘晶娟）				

2. 案例分析

（1）你能描述一下案例中幼儿的典型行为表现吗？

任务单 S1.4.5

我眼中的幼儿：

（2）刘老师为什么要观察这名幼儿？刘老师的观察有什么样的特征？

任务单 S1.4.6
刘老师观察这名幼儿的原因：   刘老师的观察具有这些特征：

（3）刘老师在早期阅读活动中观察到的幼儿行为可以从哪些方面进行分析？

任务单 S1.4.7

（4）请你根据自己的实践经验，设计一个在早期阅读活动中主动观察幼儿的观察方案。

任务单 S1.4.8
在早期阅读活动中主动观察幼儿的行为 观察目的：   观察准备：   观察过程：   观察分析：

【我来写一写】

回顾你曾经观察幼儿的经历，请在下面写出观察的内涵和特征是什么，观察的意义和价值是什么，以及观察是否需要使用理论引领。

> 幼儿行为观察是什么？
> （1）
> （2）
> （3）
> 幼儿园教师为什么要观察幼儿的行为？
> （1）
> （2）
> （3）
> 观察需要理论引领吗？为什么？
> （1）
> （2）
> （3）

【我来练一练】

观察 1 名幼儿在区域游戏活动中的典型行为表现，并完成 1 篇观察记录。

第三节　反思自身是否主动观察幼儿行为

【我来写一写】

请在下表中写出你印象最深的一次主动观察幼儿行为的经历，并反思作为一名教师主动观察幼儿的重要性。

> 我为什么主动观察幼儿？
>
> 这次观察产生了什么价值？
>
> 我在观察幼儿时可能受到哪些因素的影响？
>
> 如何提高自身观察幼儿的主动性？

一、反思教师是否理解主动观察幼儿行为

在学习了本章内容后，请以小组为单位或与身边一同学习的伙伴围绕以下要点展开讨论并进行记录。

任务单 F1.1.1

讨论要点	反思记录
1. 关于本章的认识，你印象最深的三点是什么？	1. 2. 3.
2. 幼儿行为观察是什么？至少写三点	1. 2. 3.
3. 为什么要主动观察幼儿行为？至少写三点	1. 2. 3.
4. 观察的理论基础是什么？至少写两点	1. 2.

二、反思教师是否实践主动观察幼儿行为

（一）反思是否在一日生活活动中主动观察幼儿典型行为

在学习了关于在一日生活活动中观察幼儿行为以后，请以小组为单位或与身边一同学习的伙伴围绕以下要点展开讨论并进行记录。

任务单 F1.2.1

讨论要点	反思记录
1. 你觉得为什么要在生活活动中观察幼儿行为？请写出三点	1. 2. 3.
2. 你在哪些生活活动中主动观察幼儿行为？请写出三点	1. 2. 3.
3. 在一日生活活动中主动观察幼儿，有哪些特点？至少写三个	1. 2. 3.
4. 对于在一日生活活动中主动观察幼儿，你还有哪些困惑？	1. 2.

（二）反思是否在区域游戏活动中主动观察幼儿典型行为

在学习了关于如何在区域游戏活动中观察幼儿典型行为以后，请以小组为单位或与身边一同学习的伙伴围绕以下要点展开讨论并进行记录。

任务单 F1.2.2	
讨论要点	反思记录
1. 你觉得为什么要在区域活动中观察幼儿行为？请写出三点	1. 2. 3.
2. 你在哪些区域活动中主动观察幼儿行为？请写出三点	1. 2. 3.
3. 在区域活动中主动观察幼儿有哪些特点？至少写三个	1. 2. 3.
4. 对于在区域活动中主动观察幼儿，你还有哪些困惑？	1. 2.

（三）反思是否在综合主题活动中主动观察幼儿典型行为

在学习了关于如何在综合主题活动中观察幼儿典型行为以后，请以小组为单位或与身边一同学习的伙伴围绕以下要点展开讨论并进行记录。

任务单 F1.2.3	
讨论要点	反思记录
1. 你觉得为什么要在综合主题活动中观察幼儿行为？请写出三点	1. 2. 3.

讨论要点	反思记录
2. 你在哪些综合主题活动中主动观察了幼儿行为？请写出三点	1. 2. 3.
3. 在综合主题活动中主动观察幼儿，有哪些特点？至少写三个	1. 2. 3.
4. 对于在综合主题活动中主动观察幼儿，你还有哪些困惑？	1. 2.

（四）反思是否在早期阅读活动中主动观察幼儿典型行为

在学习了关于如何在早期阅读活动中观察幼儿典型行为以后，请以小组为单位或与身边一同学习的伙伴围绕以下要点展开讨论并进行记录。

任务单 F1.2.4

讨论要点	反思记录
1. 你觉得为什么要在早期阅读活动中观察幼儿行为？请写出三点	1. 2. 3.
2. 你在哪些早期阅读活动中主动观察了幼儿行为？请写出三点	1. 2. 3.

续表

讨论要点	反思记录
3. 在早期阅读活动中主动观察幼儿，有哪些特点？至少写三个	1. 2. 3.
4. 对于在早期阅读活动中主动观察幼儿，你还有哪些困惑？	1. 2.

【我来写一写】

请在下表中写出你印象最深的一次主动观察幼儿行为的经历，并反思作为一名教师主动观察幼儿的重要性。

> 我为什么主动观察幼儿？
>
> 这次观察产生了什么价值？
>
> 我在观察幼儿时可能受到哪些因素的影响？
>
> 如何提高自身观察幼儿的主动性？

【我来练一练】

请你思考如何在不同的活动情境（一日生活活动、区域游戏活动、综合主题活动、早期阅读活动）中开展幼儿行为观察，并选择一种活动撰写 1 份观察计划。

⊪【选一选】

在学习本章内容之后，请你再次思考以下问题，在认为最符合自己情况的方框内画√。你发现自己的进步了吗？

项目	不符合	基本不符合	一般	基本符合	非常符合
1. 我知道幼儿行为观察的内涵					
2. 我知道观察和观看是不同的					
3. 我了解开展幼儿行为观察的意义					
4. 我能说出幼儿行为观察至少3个方面的价值					
5. 我会经常主动开展幼儿行为观察					
6. 我了解幼儿行为观察的特征					
7. 我了解幼儿在五大领域的发展目标					
8. 我了解幼儿在五大领域的典型行为表现					
9. 我有信心开展幼儿行为观察					
10. 我会设计科学有效的观察活动					

⊪【我走到了这里】

亲爱的老师，我们本章内容的学习结束了。学习本章内容之后，请你再次思考以下问题，并在最符合自己情况的方框内画√，看一看你走到了哪里。

水平	你最像下面哪一种？	自评
四	能结合《指南》全面理解并掌握各年龄段的幼儿在五大领域的典型行为表现；通过观察全面了解班里每个幼儿在各领域的发展情况和全班幼儿的整体发展情况；能将观察结果与幼儿的典型行为联系起来并进行科学分析，据此设计教育教学活动或及时调整教育教学策略	
三	掌握某一年龄段的幼儿在五大领域的典型行为表现或掌握各年龄段的幼儿在某些领域的典型行为表现；主要通过观察了解幼儿，对班级大部分幼儿的发展情况有比较完整的了解；能基于观察结果对幼儿进行分析，据此设计或调整教育教学活动	
二	了解某一年龄段的幼儿在1～2个领域的典型行为表现；在日常活动中，当发现幼儿的行为异常或意识到教育教学活动出现问题时会主动进行观察；在有任务需要或者工作要求时会观察幼儿，了解幼儿出现行为异常或教育教学活动出现问题的原因，但没有利用观察结果设计或调整教育教学活动	

续表

水平	你最像下面哪一种?	自评
一	对各年龄段幼儿在五大领域的典型行为表现认识模糊；在有工作要求时会配合完成观察任务，对幼儿的了解主要通过感知印象；教育活动的组织与实施主要依靠经验或书本知识进行，平时很难做到依据观察结果来促进幼儿主动学习与全面发展	

--------••••• 【 拓展阅读 】 •••••--------

　　莎曼，克罗斯，文尼斯.观察儿童：实践操作指南：第3版[M].单敏月，王晓平，译.上海：华东师范大学出版社，2008.

　　作为未来的儿童养育者和教育者，你或许已经明白观察儿童绝对不是一件浪费时间的事情。因为通过观察，你会了解儿童当前达到了什么发展阶段，而后你能将他们的进步与这一年龄段群体应当达到的水平范围进行比较，从而设计能引导他们继续向前发展的各种活动。观察也会提醒你注意落后于或是大大超前于正常水平的儿童的需要，这样你就可以密切注意孩子们的状态，或是在必要时寻求适当的专业帮助，以满足不同儿童的需要。观察，会让你快乐地体味每个儿童的独特之处。

学习目标

学习本章内容后，你将能够更好地：
明确观察目的，熟悉观察内容；
掌握常用的观察方法，制订合理可行的
观察计划；
能够设计有目的的观察活动。

⫼【我从这里出发】

亲爱的老师，我们即将开启本章内容的学习。在学习本章内容之前，请你先思考以下问题，并在最符合自己情况的方框内画√，看一看你将从哪里出发。

水平	你最像下面哪一种?	自评
四	能根据现实需要灵活使用随机观察和有目的的观察；能根据观察目的设计有效的观察活动；能根据观察目的制定合理可行的观察计划；制定观察计划时能对观察目标、对象、时间、内容、方法、步骤等进行系统详细的设计与安排；对常用观察方法的使用方式、适用范围等有清晰地认识和把握；能根据需要熟练地选取适宜的方法和工具进行观察；能在一日生活各环节中搜集与记录幼儿的典型行为表现，并对幼儿的发展变化有比较准确清晰地判断；能在一日生活各环节中及时捕捉幼儿的典型行为表现，并进行重点观察和记录	
三	认识到随机观察和有目的的观察都是幼儿园教师重要的观察方式，但有时不清楚两者的使用时机（或适用范围）；一般情况下，能设计一些观察活动；能围绕观察目的制定观察计划；能在观察前事先对观察对象、时间、地点、内容、方法和步骤等进行大致的设计和安排；认识与掌握基本的观察方法，如时间取样法、事件取样法和行为检核法等；能根据观察目的的不同，选取不同的观察方法，也会设计相应的观察工具，但有时所选用的方法和工具不一定最为适宜；能较清楚的在一日生活各环节的观察中搜集与记录幼儿的典型行为表现，并对幼儿的发展变化进行简要的判断；能在一日生活各环节中捕捉到幼儿的一些典型行为表现	
二	在幼儿园多数情况下使用随机观察来观察幼儿的行为表现，当幼儿行为出现明显变化或教育教学活动出现突出问题时会进行有目的的观察；有时为了深入了解教育教学问题产生的原因或幼儿行为明显变化的原因，会有意识地设计观察活动；为了解决问题才会事先制定观察计划，但有时计划不能很好地达成解决问题的目的；能在观察前事先对观察对象、时间、地点、内容、方法和步骤等进行比较简单的设计和安排；认识几种简单常用的观察方法，如白描法、轶事记录法、行为检核法等；在进行观察时，固定使用一种观察方法或根据要求使用某种观察方法进行观察；能着重搜集和记录某一领域幼儿的典型行为表现，并只对这个领域幼儿的现有水平进行关注；能在某一活动中或特殊要求下对幼儿某一领域的典型行为表现进行重点观察和记录	

续表

水平	你最像下面哪一种?	自评
一	认为随机观察是最便捷、有效的观察方式;能在看护幼儿的同时对幼儿的行为进行随机观察,观察记录大多都是基于随机观察形成的,这些观察记录都是零散且只进行一次的;进行随机的观察,而不是事先制定观察计划,一般是在完成观察后提取出观察目的;不限定观察对象、时间、地点、内容、方法和步骤等;认为观察就是全面地描述记录幼儿的行为;只使用描述记录一种方法;认为观察就是把随机选择的幼儿在活动中的所有行为表现,以"流水账"(或事无巨细)的形式记录下来;能把零散的观察都记录下来,但对活动中什么时候进行观察以及重点观察什么认识模糊	

【想一想】

李老师正在组织进餐环节:当饭送来时,她组织幼儿洗手,并在盥洗室门口看孩子洗手,许多小朋友草草洗完就擦手了,李老师没有发现。孩子们陆续坐到位子上吃饭,许多孩子还没有掌握正确使用筷子的方法,在各个桌边走来走去的李老师并没有发现,孩子们吃完后陆续送回餐具,再看看碗里、盘里、桌子上一片狼藉,还有许多饭粒、菜叶没有吃干净。进餐环节结束了,李老师带着孩子们完成了进餐任务,她一直在看着孩子们,却什么也没看到。[1]

请你基于上述案例思考以下两个问题:

(1)你认为案例中李老师为什么"什么都没有看到"?

(2)你会经常进行有目的的观察吗?是怎样做的?

---

[1] 侯素雯,林建华.幼儿行为观察与指导这样做[M].上海:华东师范大学出版社,2014:12.

◄【选一选】

在学习本章内容之前，请你先思考以下问题，在认为最符合自己情况的方框内画√。

项目	不符合	基本 不符合	一般	基本 符合	非常 符合
1. 我了解日常观察和教师专业观察的区别					
2. 我了解开展有目的的观察的内涵					
3. 我了解观察目的和观察内容的关系					
4. 我了解制订观察计划的依据					
5. 我了解观察计划都包括哪些内容					
6. 我能掌握 3 种及以上常用的观察方法					
7. 我了解什么样的观察记录是好的观察记录					
8. 我知道对观察记录的分析都要分析哪些内容					
9. 我知道观察时要观察的内容是什么					
10. 我了解观察内容的要点					

第一节　进行有目的的观察

【我来写一写】

1. 下面关于有目的的观察的描述，你认为哪些是正确的？请在正确描述后面的圆圈内画√。

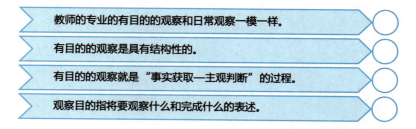

教师的专业的有目的的观察和日常观察一模一样。　○

有目的的观察是具有结构性的。　○

有目的的观察就是"事实获取—主观判断"的过程。　○

观察目的指将要观察什么和完成什么的表述。　○

2. 请在下面横线上补全观察计划的内容。

(1) _____
(2) 观察的对象
(3) _____
(4) _____

观察计划

(5) _____
(6) _____
(7) _____
(8) _____

3. 一般而言，从方法论上，下列观察方法可以分为哪两大类？请用自己喜欢的符号进行分类。

定性观察方法　　轶事记录法　　时间取样法　　定量观察方法　　行为检核法　　事件取样法

一、明确观察目的

观察不仅是人类运用自身的感觉器官对自然或社会现象进行感知的过程，还包括基于感觉器官感知的大脑的思维过程。一般而言，我们认为观察可以分为两大类：一类是日常观察，即在日常生活中的观察，这类观察往往没有预先设定的目的，结构松散，因此收集到的信息往往具有主观性、偶然性和零碎性；另一类是专业观察。在学前教育场域中，专业观察即幼儿园教师根据幼儿发展、科学研究、自身专业发展等专业需求而运用自身的感觉器官，以某种特定的方式能动地对幼儿进行感知，获取幼儿学习与发展相关的事实资料，从而对幼儿的行为提出可靠的解释的过程。这类观察是教师进行的一种有目的、有计划、结构系统有序的活动。

（一）理解观察的内涵

信息加工理论认为，教师的观察是由动机或意识激发的一种系统且持久的知觉过程。具体来说，动机是激发、引导、维持并使行为指向特定目的的一种力量。对幼儿行为观察来说，有观察意识的教师更具备观察的动机，即教师能够认识到观察活动本身的意义和价值，知道为什么观察，在这种内在起因的自我调节作用下，教师使自身的内在需求与外部因素相协调，从而引起、维持观察活动并使活动朝某一目标进行。[1]

① 范春林，张大均. 学习动机研究的特点、问题及走向 [J]. 教育研究，2007（7）：71−77.

因为观察意识与观察目的和内容紧密相连，所以教师的观察一定是指向特定目标群体或特定教育现象、问题的活动。专业教师通常会根据自己的研究目的从事有计划的观察活动①，在实施观察之前，专业教师要将观察的目的转化成为具体可操作的内容，而观察目的以及基于观察目的的具体可操作的观察内容又决定着后续开展观察所需要采用的记录类型和方法。

（二）把握观察的立场

幼儿园教师在观察幼儿的时候要有国家立场、教育立场、文化立场。

国家立场是指以习近平新时代中国特色社会主义思想为指导，全面贯彻党的二十大精神和党的教育方针，培养德智体美劳全面发展的社会主义建设者和接班人；并且坚持立德树人根本任务，将德行的培养放在学前教育目标的第一位，将幼儿品德培养体现在日常教育活动过程中。

教育立场是指促进儿童权利的实现，坚持儿童优先和儿童利益最大化原则，尊重儿童人格，保障学前儿童享有游戏、受到平等对待的权利；幼儿园课程应以幼儿发展为本，认真贯彻《幼儿园工作规程》《幼儿园教育指导纲要（试行）》《3～6岁儿童学习与发展指南》精神，遵循幼儿身心发展的整体性、差异性，实施科学保教，促进幼儿健康快乐成长、全面和谐发展。

文化立场是指以中华优秀传统文化融入幼儿园教育为抓手，浸润并传承中华传统美德、中华思想理念、中华人文精神，从教育起点树立文化自觉与文化自信；有意识地将幼儿园教育与儿童所处的文化环境相联系，理解和尊重每个幼儿所处的文化背景，并关注幼儿文化背景的多样性。

（三）确定观察的目的

观察的立场影响着观察目的的确定，幼儿园教师可以从品德启蒙、文化底蕴、学习品质和关键经验四个方面确定观察的目的。

幼儿行为观察的目的之一是品德启蒙。教育部印发的《幼儿园保育教育质量评估指南》在办园方向中提到一个关键指标，即"品德启蒙"，强调教师要将幼儿发展与国家和党的命运联系起来，重视在教育活动中渗透品德教育，为国家培养可靠的社会主义建设者和接班人奠基，尤其是对于处于人生发展关键期的幼儿来说，教师不仅应该关注知识技能的学习，更应该关注幼儿的品德启蒙。

幼儿行为观察的目的之二是涵养文化底蕴，也即涵养幼儿的中华优秀传统文化底蕴。文化是民族的血脉，是人民的精神家园，具有"立根铸魂"的重要价值。中

① 陈瑶.课堂观察方法之研究[D].上海：华东师范大学，2000：2.

华优秀传统文化源远流长，积累了数千年的历史和智慧，这些智慧和经验包括对社会、家庭、道德、生活以及个体发展的深刻思考，经过长期的沉淀和传承，依然可以为现代儿童的发展提供借鉴和启迪，中华优秀传统文化中所蕴含的核心思想理念、中华人文精神、中华传统美德，在涵养幼儿家国情怀、增强社会关爱、提升审美情操、培养积极人格等方面具有积极的育人功能。文化底蕴应该作为幼儿发展的重要目标，也是教师观察幼儿行为的目的之一。

幼儿行为观察的目的之三是培养学习品质。《指南》指出，学习品质即幼儿在活动过程中表现出的积极态度和良好行为倾向，教师要充分尊重和保护幼儿的好奇心和学习兴趣，帮助幼儿逐步养成积极主动、认真专注、不怕困难、敢于探究和尝试、乐于想象和创造等良好学习品质。幼儿的学习品质决定了幼儿现在和将来的学习与发展质量，是学前教育的重要教育目标，也是幼儿行为观察的重要目的。

幼儿行为观察的目的之四是发展关键经验。关键经验是一系列对幼儿在社会、认知、身体和情感等方面发展状况的描述，每一项关键经验都强调一种幼儿主动学习的经验，这些经验是幼儿发展过程中应该获得的必要经验，它在幼儿的经验系统或经验结构中扮演着节点和支持的角色，在幼儿成长与发展中具有关键性作用，展现了幼儿学习与发展的连续性，可以作为教师观察、了解与支持幼儿学习与发展的线索和证据。[1]

二、熟悉观察内容

观察内容是教师观察的焦点，通常体现在两个方面：观察指标的构成和结构化。[2] 研究表明，教师应该在教育活动中观察幼儿的表现，在幼儿身上发现与"关键发展指标"的差异。教师观察能力的一个关键要素就是能够从活动情境中发现重要的信息。活动室是一个复杂的环境，教师和幼儿在同一时空会发生大量的互动，产生丰富的行为，教师不可能对发生的所有事情保持同样的关注，而必须有选择地聚焦，为关注哪些行为作出恰当的决定。因此教师必须熟悉并明确观察内容，能够从复杂的活动情境中及时发现有价值的、值得关注的幼儿典型行为。幼儿园教师可以从学习品质和关键经验两个维度确定观察的内容要点（表 2-1、表 2-2）。

---

① 霍力岩，高宏钰．关键经验：基本内涵与主要特征 [J]．幼儿教育（教育教学），2015（11）：16-17.

② 李娟．促进教师观察了解儿童学习与发展水平的研究：以 4—5 岁儿童数概念学习为例 [D]．上海：华东师范大学，2011：38.

表 2-1　幼儿学习品质的指标体系

一级指标（2个）	二级指标（10个）	三级指标（26个）
1. 学习态度	1.1 好奇心	1.1.1 积极情绪
		1.1.2 喜欢询问
		1.1.3 对新事物敏感
	1.2 学习兴趣	1.2.1 渴望学习
		1.2.2 尝试操作
2. 学习行为	2.1 主动性	2.1.1 主动参与
		2.1.2 独立意识
		2.1.3 合理冒险
	2.2 计划性	2.2.1 制订计划
		2.2.2 实施计划
	2.3 专注	2.3.1 集中注意力
		2.3.2 抗干扰
		2.3.3 凝视倾听
	2.4 坚持性	2.4.1 坚持目标
		2.4.2 完成活动任务
	2.5 问题解决	2.5.1 发现与预测问题
		2.5.2 创意性解决方案
		2.5.3 资源利用
		2.5.4 灵活解决问题
	2.6 分享合作	2.6.1 团队合作
		2.6.2 寻求帮助
		2.6.3 分享交流
	2.7 想象与创造	2.7.1 新颖的想法
		2.7.2 多种艺术表征
	2.8 反思	2.8.1 回忆与描述
		2.8.2 新旧经验联系

表 2-2　幼儿关键经验的指标体系

五大领域	一级指标（11 个）	二级指标（32 个）
健康	1. 身心状况	1.1 具有健康的体态 1.2 情绪安定愉快 1.3 具有一定的适应能力
	2. 动作发展	2.1 具有一定的平衡能力，动作协调、灵敏 2.2 具有一定的力量和耐力 2.3 手的动作灵活协调
	3. 生活习惯与生活能力	3.1 具有良好的生活与卫生习惯 3.2 具有基本的生活自理能力 3.3 具备基本的安全知识和自我保护能力
语言	4. 倾听与表达	4.1 认真听并能听懂常用语言 4.2 愿意讲话并能清楚地表达 4.3 具有文明的语言习惯
	5. 阅读与书写准备	5.1 喜欢听故事，看图书 5.2 具有初步的阅读理解能力 5.3 具有书面表达的愿望和初步技能
社会	6. 人际交往	6.1 愿意与人交往 6.2 能与同伴友好相处 6.3 具有自尊、自信、自主的表现 6.4 关心尊重他人
	7. 社会适应	7.1 喜欢并适应群体生活 7.2 遵守基本的行为规范 7.3 具有初步的归属感
科学	8. 科学探究	8.1 亲近自然，喜欢探究 8.2 具有初步的探究能力 8.3 在探究中认识周围事物和现象
	9. 数学认知	9.1 初步感知生活中数学的有用和有趣 9.2 感知和理解数、量及数量关系 9.3 感知形状与空间关系
艺术	10. 感受与欣赏	10.1 喜欢自然界与生活中美的事物 10.2 喜欢欣赏多种多样的艺术形式和作品
	11. 表现与创造	11.1 喜欢进行艺术活动并大胆表现 11.2 具有初步的艺术表现与创造能力

三、选择观察情境

由于幼儿行为总是发生在一定的情境中，而且幼儿在不同情境中的行为表现不尽相同，即幼儿行为和观察情境间具有高关联性，因此教师在观察前需要明确观察情境。《纲要》在"教育评价"部分指出："评价应自然地伴随着整个教育过程进行。综合采用观察、谈话、作品分析等多种方法。""幼儿的行为表现和发展变化具有重要的评价意义，教师应视之为重要的评价信息和改进工作的依据。"《幼儿园保

幼儿园保育教育质量评估指南

育教育质量评估指南》中的评估指标也指出，教师要"认真观察幼儿在各类活动中的行为表现并做必要记录，根据一段时间的持续观察，对幼儿的发展情况和需要做出客观全面的分析，提供有针对性的支持。不急于介入或干扰幼儿的活动"。因此，幼儿行为观察应基于真实的教育教学活动情境，围绕"有准备的活动目标"，有节点和重点地对活动过程中幼儿典型行为表现进行观察，为幼儿学习与发展提供真实证据。

观察情境可以是幼儿园中的各类活动，自然、真实的活动情境都可以成为教师观察幼儿的情境。幼儿园的一日生活情境多元、内容丰富，为了便于观察，教师可以将幼儿园中不同的活动样态作为观察情境，包括一日生活活动、区域游戏活动、综合主题活动、早期阅读活动等。当选定观察情境后，教师可以通过分析观察情境中的活动内容、特点等确定观察的目的和内容、选择合适的观察方法进行观察记录。

（一）在一日生活活动中进行观察

一日生活活动主要指生活自理、交往礼仪、自我保护、环境卫生、生活规则等方面的活动，旨在让幼儿在真实的生活情境中自主、自觉地发展生活自理能力，形成健康的生活习惯和交往行为，在集体生活中能够愉快、安全、健康地成长。一日生活活动包括入园、进餐、如厕、盥洗、午睡、离园等诸多环节，幼儿在园 8 小时左右，生活环节占在园生活一半以上，值得教师关注和重视。但由于生活环节较为零散，教师容易把生活环节作为常规环节过渡，忽视其教育价值。实际上，一日生活活动的各个环节都蕴含着丰富的教育价值，也应成为教师观察的重要内容。

第一，幼儿园教师在来园环节可以重点观察：

· 幼儿是否能对熟悉的人（保健医、教师、同伴、家长等）打招呼；

· 幼儿所带的物品是否安全，是否能将自己的物品独立地放在指定地方；

· 幼儿的健康和情绪状况；

· 幼儿是否按时来园。

第二，幼儿园教师在盥洗环节可以重点观察：

· 幼儿是否能够正确洗手，使用毛巾擦干手；

· 幼儿是否及时关掉水龙头，不玩水，具有节约用水的意识；

· 在人多时，幼儿是否能排队等待，不拥挤；

· 幼儿是否会使用便纸，大便后是否能主动抽水，并洗手；

· 幼儿如厕后是否主动整理好衣裤；

· 幼儿是否乐意听从值日生的提醒。

第三，幼儿园教师在进餐环节可以重点观察：

· 幼儿是否能愉快地在一定时间内独立用餐；

· 幼儿是否文明进餐（良好的坐姿，保持碗、桌地面整洁等）；

· 幼儿在进餐后，是否正确漱口和使用毛巾；

· 值日生是否愿意为同伴服务（督促、检查等）。

第四，幼儿园教师在午睡环节可以重点观察：

· 幼儿是否有序穿脱衣裤，整齐叠放在固定处；

· 幼儿是否具有良好的睡眠习惯（安静入睡，不影响他人，不玩弄小物件等）；

· 幼儿是否主动整理自己的床铺；

· 关注幼儿午睡时有无异常情况。

（二）在区域游戏活动中进行观察

一般来说，活动室中的区角包括角色游戏区、积木区、沙水区、语言区（图书区）、音乐表演区、美工区、自然角、益智区等。由于游戏的种类不同、内容不同，教师观察的目标也就不同，因此观察的内容无法一概而论。一般来说，在区域游戏活动中教师可以使用以下三种常用方式确定观察内容。

1. 根据不同区域的教育功能确定观察内容

根据不同区域的教育功能和幼儿发展目标，确定不同区域的观察内容和观察重点（表 2-3）。

表 2-3 不同区域活动的观察重点

活动区	主要功能	观察重点
积木区	建构游戏；促进幼儿对客体世界以及自己与客体世界关系的认识	建构技能、对科学和数学概念的理解和掌握、学习品质
角色扮演区	象征性游戏；促进幼儿对主体世界以及人与人之间的关系的认识	同伴互动、职业理解、语言发展、学习品质
美工区	培养艺术表现和创造能力	探索和使用材料、艺术表现力、创造力和想象力

续表

活动区	主要功能	观察重点
阅读区	培养阅读兴趣，形成良好的阅读习惯	阅读兴趣、阅读技能、学习品质
自然角	观察动植物，学会照顾动植物	观察比较能力、对动植物外形特征与生活习性的了解、学习品质

2. 根据幼儿的游戏行为表现确定观察内容

根据游戏的不同要素，观察游戏中幼儿的行为表现，观察重点见表 2-4。[①]

表 2-4   不同游戏要素的观察重点

游戏的要素	观察重点
游戏主题	幼儿游戏的主题是什么？是怎么确定的？ 游戏主题与生活有何关系？ 游戏主题与教育教学有何关系？ 游戏主题的稳定性如何？是怎么转移的？
游戏角色	游戏中有角色分配吗？是怎么分配的？ 角色分配过程中是否有冲突？是怎么解决的？ 幼儿的角色意识如何？ 角色扮演的水平如何？
游戏材料的选择和运用	游戏过程中幼儿喜欢选择和使用哪些材料？是怎样使用的？ 幼儿使用材料时是否表现出一定的创造性？ 幼儿是否有以物代物的假想性游戏行为？ 幼儿是否能灵活地处理材料不足的问题？
游戏情节的发展	幼儿游戏过程中有哪些情节变化？ 每次情节变化的诱因是什么？ 幼儿的游戏内容是否丰富？
游戏中的语言和交往	幼儿在游戏过程中的表达和交流如何？同伴关系如何？ 幼儿在游戏中是主动的还是被动的？ 幼儿在遇到矛盾冲突时有什么表现？ 幼儿是否能采用协商、轮流、适当妥协等方式化解矛盾？
游戏的持续时间与游戏兴趣	幼儿的游戏会持续多久？ 幼儿何时开始转移游戏兴趣？ 游戏过程中表现出的投入程度如何？
对游戏规则的理解和遵守	幼儿在游戏过程中是否能控制自己，自觉地遵守游戏规则？ 发生冲突时，幼儿是否能通过协商来确定游戏规则？ 幼儿是否能坚持遵守规则？

① 董旭花. 幼儿园自主游戏观察与记录：从游戏故事中发现儿童 [M]. 北京：中国轻工业出版社，2021：6-7.

3. 根据幼儿操作材料的过程确定观察内容

材料是幼儿在区域活动中进行学习和游戏的基本媒介。根据幼儿不同发展水平为其提供适合年龄特征并且可以使用多种方式操作的丰富的活动材料，这样才能保证幼儿对即将操作材料的兴趣，激发幼儿主动学习的内在动机。因此，区域游戏活动可以重点观察幼儿操作材料的过程，以及在过程中表现出的关键经验和学习品质。一般来说，幼儿对区域材料的操作过程可以划分为：产生兴趣、开始操作、专心致志和完成活动四个阶段，在不同阶段可以重点观察幼儿学习与发展的不同方面（表 2-5）。

表 2-5　基于区域材料操作过程的观察重点

材料操作过程	观察重点
产生兴趣阶段	幼儿是否对材料有好奇心和兴趣？ 幼儿对哪些材料有好奇心和兴趣？
开始操作阶段	幼儿是否积极主动操作材料？ 幼儿是否不断尝试探索材料？
专心致志阶段	幼儿在操作材料时是否认真、专注？ 幼儿在操作材料时候是否能克服干扰、全情投入在活动中？ 幼儿在探索中遇到了什么问题？是如何解决的？ 幼儿在遇到困难时能否积极想办法，坚持不懈实现自己预期的目标，不轻易放弃？ 幼儿是否与同伴合作、交流？ 幼儿在操作中是否体现出了创造性？
完成活动阶段	幼儿是否愿意分享交流自己的经历？ 幼儿是否能反思自己的学习经历？

（三）在综合主题活动中进行观察

综合主题活动是幼儿园教师引导并支架幼儿围绕有准备的主题，经由五个有意图的环节，达成"有意义的学习"的集体教育活动。幼儿园教师可以根据不同环节的教育功能或幼儿在不同环节的学习目标，确定每个环节的观察重点（表 2-6）。

表 2-6　综合主题活动中不同环节的观察重点

综合主题活动的环节	教育功能	观察重点（侧重学习品质）
产生兴趣	"轻、巧、快"：简短有力，教师要抓住幼儿感兴趣的内容，迅速激发他们的好奇心，并使他们产生进一步学习和探索的欲望	好奇心 兴趣

续表

综合主题活动 的环节	教育功能	观察重点 （侧重学习品质）
主动体验	"多、动、想"：注重幼儿的亲身体验，教师要给予幼儿充分感知操作材料的时间，创设宽容、包容的空间和心理环境，鼓励幼儿用自己的方式进行多感官体验	积极主动
深度探究	"重、笨、慢"：重视幼儿亲身探究的步骤和深度，教师要设计有意图的半成品材料，让幼儿边操作材料边思考，直至将半成品材料做成成品材料，也就是"成果物"，以达到行动与思维合一的真探究	专心致志 不怕困难
分享合作	"展、比、联"：关注幼儿间的同伴学习和社会性发展，教师要支持幼儿大胆地分享自己的操作思路和过程，自信地与同伴围绕成果物进行相互交流和友好评价，并促进他们形成进一步合作	善于合作 乐于分享
联想创意	"创、编、演"：侧重发散性思维的培养，教师应鼓励幼儿基于现有操作成果物进行创造性想象，帮助教师自身与幼儿共同找到潜在的最近发展区或形成新主题	善于想象 乐于创造

（四）在早期阅读活动中进行观察

　　早期阅读活动是指以幼儿自身经验为基础，在适当情境中，教师帮助幼儿通过对文字、符号、标记、图片、影像等材料的认读、理解和运用，对其身心所施加的一种有目的、有目的、有计划的影响的活动；在幼儿园中主要是指运用图画书对幼儿身心产生影响的活动。幼儿园早期阅读活动可以大致划分为集体阅读活动和区角阅读活动。在早期阅读活动中，教师可以重点观察幼儿在"阅读意愿"和"阅读能力"方面的发展（表2-7）。

表 2-7　早期阅读活动中教师的观察重点

维度	内容
阅读意愿	幼儿是否喜欢阅读？ 幼儿对图画书上或周围环境中的文字符号是否感兴趣？ 幼儿能否专注阅读？
阅读能力	幼儿能否通过看画面了解故事内容？ 幼儿能否根据连续画面说出大致情节？ 幼儿能否随着作品的展开产生相应的情绪反应，体会作品所表达的情绪情感？ 幼儿能否对作品说出自己的看法？ 幼儿能否根据情节发展创编、仿编？ 幼儿能否感受到文字语言美？

四、掌握观察方法

使用适宜的观察方法和观察工具是幼儿园教师进行观察的重要前提，教师要明确不同观察方法的作用、使用原则及其观察工具，避免不当使用和错误使用。

（一）观察方法的种类

观察方法指向实现观察的具体手段，具体包括观察、记录与分析的方法。已有研究表明，观察方法种类繁多，从方法论上存在定量观察与定性观察两种取向。定量观察基于实证主义方法论，强调对教育活动中的行为和事件进行细致分类，并通过相对结构化的封闭的观察工具予以记录，记录方式主要包括编码体系、检核清单及等级量表，通过这些结构化的体系所记录的信息多以数字形式呈现。定性观察基于解释主义方法论，强调对教育活动中行为和事件背后的模式和意义加以诠释，主要通过叙述体系、图式记录和工艺学记录进行记录。

观察方法从不同的角度也有其他不同的分类，如：自然观察和实验室观察；结构观察和非结构观察；时间取样和事件取样等。教师在观察时要根据不同的情境选择适宜的观察方法，这样就可以在幼儿行为发生时及时获得第一手资料，为基于证据分析幼儿具体行为奠定基础。

此外，仅有观察是不够的，幼儿园教师必须通过观察对幼儿的表现进行记录，以保留和再现幼儿的学习过程，了解和认识幼儿的学习。记录的运用被认为是"瑞吉欧·艾米利亚教育取向在幼教领域里最特别的贡献"[1]。记录的一大优势是使幼儿"生动"的学习得以呈现，它呈现的是一个个情境化的具体学习过程，关注的是幼儿身上究竟发生了什么样的学习过程，教师在解读记录的时候，就会将目光直接指向具体的幼儿在某一个具体的背景下所发生的学习过程，从中不仅能看到普遍理论所阐述的幼儿学习和发展的一般规律，而且能看到有关幼儿学习和发展的具体信息和细节，从而对幼儿学习和发展的理解得到了丰富、修正和升华。[2]

（二）常用的观察方法——叙述的方法

叙述的方法是幼儿园教师最常使用，也是最容易入门的一类观察方法，具体包括轶事记录法、实况记录法和日记记录法等。这些方法的共同特点是教师将对幼儿行为的观察用叙述性的语言记录下来，以供后续分析幼儿的行为表现。

---

① 傅小芳. 反思当前的学前教育评价：从瑞吉欧教育体系中的记录说起 [J]. 学前课程研究，2008（3）：17-19.

② 朱家雄，张婕，邵乃济，等. 纪录，让儿童的学习看得见 [M]. 福州：福建人民出版社，2008：33.

1. 轶事记录法

（1）轶事记录法的含义

轶事记录法是幼儿园教师常用的观察记录方法之一，主要是指对幼儿在园一日生活中表现出的有价值、有意义的幼儿典型行为表现进行观察，并用叙述性的语言记录下来，供分析幼儿行为所用。轶事记录法注重记录的真实性和客观性，记录的内容包括事情发生的背景、时间、地点、在场的人物，事情发生过程中幼儿的语言、动作、表情等，以及事情发生的结果等关键信息，都应给予客观、准确、详细的记录。轶事记录通常比较短小、精炼，教师在幼儿活动中可以对一些重要的关键信息进行快速、高效记录，在事情发生之后通过回忆的方式将轶事记录补充完整，继而对轶事进行分析。

（2）轶事记录法的使用

轶事记录法的使用可以大致划分为确定观察目标、准备观察工具、客观有效记录、资料整理与分析等步骤。

① 确定观察目标

轶事记录法可以分为有目的的轶事记录和随机捕捉的轶事记录两种类型，两种不同类型的轶事记录可以采取不同的方式确定观察目标（即观察对象）。

一是有目的的轶事记录。就观察内容而言，有目的的轶事记录是指教师有意图的观察记录幼儿某一种特定的发展领域或某些特定的行为。例如，想要观察幼儿的合作行为，当班里的幼儿出现合作行为时教师就会进行记录，由此确定观察目标。就观察对象而言，有目的的轶事记录是指教师有意图的观察记录某一个或某一些幼儿的行为表现，例如，对于一个刚从其他幼儿园转来的幼儿，教师会对这名幼儿在健康、语言、社会、科学、艺术等各个领域的典型行为表现进行有目的的观察记录，由此确定相应的观察目标。

二是随机捕捉的轶事记录。随机捕捉的轶事记录是指教师事先并没有明确的观察目标，也并不确定要观察的幼儿，而是在活动过程中教师随机捕捉自己感兴趣的事件或是某个幼儿具有发展意义的重要事件，记录下这些事件中的幼儿行为，更好地了解幼儿的发展特点提供资料。

② 准备观察工具

为了方便、高效地进行轶事记录，在进行轶事记录之前教师需要准备相应的观察工具。一般而言，轶事记录需要准备观察表格或便笺，笔以及录音录像设备等工具。

首先是观察表格和便笺。轶事记录法的观察表格一般会包括观察日期和时间、观察地点与情境、观察对象、观察者、观察目的等要素，在形式上可以根据观察目的进行设计（表2-8）。比如，教师常用的个别幼儿轶事记录表，一般包括轶事记录、观察分析和教育措施三个部分。

表 2-8 个别幼儿轶事记录表 [①]

观察对象	
观察时间	
观察地点与情境	
观察目的	
轶事记录：	
观察分析：	
教育措施：	

教师还可以在 A4 纸上制作 5×2 的轶事记录表（表 2-9），类似于自制的便笺，用来快速记录观察到的不同幼儿的轶事。

表 2-9 5×2 轶事记录表

幼儿姓名：　　　　日期： 观察地点：　　　　时间： 轶事描述：	幼儿姓名：　　　　日期： 观察地点：　　　　时间： 轶事描述：
幼儿姓名：　　　　日期： 观察地点：　　　　时间： 轶事描述：	幼儿姓名：　　　　日期： 观察地点：　　　　时间： 轶事描述：

---

① 于冬青，柳剑. 轶事记录法运用中的问题及运用策略研究 [J]. 幼儿教育，2010（5）：22-24.

续表

幼儿姓名： 日期： 观察地点： 时间： 轶事描述：	幼儿姓名： 日期： 观察地点： 时间： 轶事描述：
幼儿姓名： 日期： 观察地点： 时间： 轶事描述：	幼儿姓名： 日期： 观察地点： 时间： 轶事描述：
幼儿姓名： 日期： 观察地点： 时间： 轶事描述：	幼儿姓名： 日期： 观察地点： 时间： 轶事描述：

其次是笔。教师可以使用四合一（红、绿、蓝、黑）或三合一（红、蓝、黑）圆珠笔，或准备数支不同颜色的荧光笔，方便在观察记录时随时变化颜色做记号，事后的整理更清楚容易。

再次是夹板。教师可以利用夹板夹取观察表格或便笺，便于观察时随处做记录，不受限于桌面的有无。[1]

最后是相机等其他工具。拍摄视频和照片是记录的一种重要方式，而且可以真实、形象的反映幼儿的行为表现，有效支持教师的轶事记录。

③ 客观完整记录

幼儿园教师在进行轶事记录时，要注意记录的客观性、简要性与完整性。

首先是客观性。轶事记录的目的是了解幼儿的典型行为表现或事件，为进一步分析提供明确、真实的信息。因此，在记录时，教师需要保持高度的敏感性，敏感捕捉与观察目的相符的重要事件，或及时留意幼儿有价值的行为表现。教师要尽可能客观地描述行为，记录自己所看到的、听到的事实，不施加过多判断或解释。对于现场没有及时完成的轶事记录，应该及时补充，避免因为时间过长导致记忆的模糊，影响轶事的客观性和准确性。

其次是简要性。轶事记录的优势在于简要、高效，可以通过关键词记录下关

---

[1]   蔡春美，洪福财，邱慧琼，等.幼儿行为观察与记录[M].上海：华东师范大学出版社，2013：132.

键信息，不需要对行为细节进行过多翔实的描述。如教师在现场快速记录以下关键词："娃娃家，3 名幼儿，幼儿 1 和 2 抢布娃娃，幼儿 1 说脏话，幼儿 3：'别说这样的话，这样的话不好听！'，幼儿 1 离开。"事后补充完整的轶事记录可以是："在娃娃家，幼儿 1 和幼儿 2 都想当'妈妈'，他们争着想要同一个布娃娃，幼儿 1 说：'你这个讨厌鬼，你松开手，要不然我打你了！'幼儿 3 听到后说：'你别说这样的话，这样的话不好听'，幼儿 1 听到后松开娃娃，离开了娃娃家。"

最后是完整性。完整的轶事记录能够为教师有效分析观察结果、真正读懂幼儿行为提供充分的事实依据。所以，轶事记录不仅要观察目标幼儿的行为，还要记录幼儿行为发生的情境和在场其他幼儿的活动，以及幼儿行为的结果。幼儿园教师可以选用"5W 方法"和"ABC 方法"完整地记录观察信息。

5W 方法：

·谁（who）：所观察的幼儿。

·和谁（whom）：所观察的幼儿和谁产生行为或语言的互动。

·时间（when）：事件发生的日期以及在哪一个具体时间段。

·地点（where）：事件在什么地方，或在哪一个活动情境中发生。

·什么（what）：幼儿做什么动作、说什么话，表情、姿势如何。

ABC 方法：

·A（antecedents）——前因：幼儿行为发生的前因和背景是什么。

·B（behaviors）——行为：幼儿的行为表现，包括幼儿说了什么、做了什么。

·C（consequence）——结果：幼儿行为的结果，包括幼儿得到了什么、周围人的反应是什么。

④ 资料整理与分析

对于收集到的轶事记录，教师需要定期进行整理。一是活动后的及时整理，由于许多轶事记录是教师在带班过程中记录下的关键词，所以需要教师事后及时整理完整。二是对轶事记录进行阶段性整理，教师可以在学期中、学期末整理每个幼儿的轶事记录。在学期中的轶事记录整理可以比较每个幼儿随着时间推移而获得的成长与进步，也可以发现自己对哪些幼儿的观察是较少的、不全面的，在后半学期需要加强对这些幼儿的观察记录。在学期末的轶事记录整理既可以发现每个幼儿的成长与进步，也可以发现幼儿在某些发展领域需要进一步的支持，从而为制订下一学期的教育教学计划提供依据。另外，在教育信息化背景下，教师应学习利用一些技术工具对轶事记录进行资料整理与分析的工作，以便节省更多的时间。例如，Word、Excel、印象笔记等软件就非常有利于资料的整理与归类。

教师在分析轶事记录时，主要借助轶事记录累积到的大量文字资料，借由文字的解读、分类与汇整等，对行为或事件发生的经过及因果等形成完整的轮廓，对幼儿的行为或事件进行深入的剖析和解释，在此基础上，推测可能的原因和结果，并依据各种推论和解释，形成适当的问题解决策略。具体的分析过程在本书第三章有详细说明。

2. 实况记录法

（1）实况记录法的含义

实况记录法又称连续记录法，是指观察者详细、完整地记录被观察者在一段时间内自然状态下发生的所有行为，然后对所收集的原始资料进行分析的方法。[①]与日记描述法相比，实况记录法的优势在于既可以记录单个幼儿的行为，也可以记录一组或一个群体幼儿的行为；与轶事记录法相比，实况记录法的优势在于更为完整和翔实，轶事记录法只是简明扼要地记录下教师感兴趣的、认为有意义的事件，而实况记录法需要将所有与观察对象有关的行为都记录下来。

（2）实况记录法的使用

实况记录法的使用可以大致划分为确定观察目标、准备观察工具、客观有效记录、资料整理与分析等步骤。

① 确定观察目标

实况记录法确定观察目标的方法与轶事记录法相似，观察对象的选择范围较广，教师既可以从感兴趣的偶发事件或者具有重要意义的事件出发选择个别幼儿，也可以选择正在活动中的一组幼儿进行观察，这些幼儿之间存在着语言或非语言的互动，如 4 名幼儿正聚在一起交谈，3 名幼儿一起搭建积木；还可以选择某一种活动或材料引发的幼儿行为进行观察记录，如幼儿对益智区投放的一份新玩具的行为反应，由此确定相应的观察目标，包括观察的对象（年龄、性别、数量）、观察的时间（日期、时间）、观察的地点和情境等基本信息。

② 准备观察工具

实况记录法的工具准备与轶事记录法基本相同，需要准备纸（观察表格或便笺）、笔以及拍照录像设备等工具。只是在观察表格的设计上，实况记录法需要记录法的内容更加全面、翔实，需要留有更多的书写空间。另外，教师可以根据不同的观察目标设计个性化的观察记录表格，例如根据幼儿操作区域材料的过程设计实况记录表（表 2–10），教师可以将实况记录过程分解成几个环节，使其有节点、有阶段，避免较长时间的观察记录引发的疲劳和混淆。

---

① 　李晓巍. 幼儿行为观察与案例 [M]. 上海：华东师范大学出版社，2016：74.

表 2-10　区域材料操作过程实况记录表

幼儿姓名：	性别：		年龄：
观察时间：	观察地点：		观察者：
观察区域：□美工区　□阅读区　□表演区　□建构区　□益智区　□其他区 _____ 区域材料： _____ （可附上材料的照片）			
活动过程	幼儿学习过程中的行为描述		
产生兴趣			
开始操作			
专心致志			
完成活动			
观察分析			
教育策略			

③ 客观详细记录

幼儿园教师在进行实况记录时，要注意记录的客观性和详细性。

一是客观性。与轶事记录法相同，实况记录法同样需要按照时间和事件发生的顺序客观记录下幼儿的行为表现，避免带入个人的主观判断和解释。为了保证观察记录的客观性，事后利用摄像机将幼儿的动作、语言、表情等行为以及所处的环境等内容拍摄或录制下来，事后通过反复观看录像，将这些录像的内容转录成文字，从而避免个人在回忆或记录时加入过多的主观性，也避免了个人通过肉眼观察可能遗漏的重要信息。

二是详细性。与轶事记录法不同，实况记录法需要更加翔实、全面地描述幼儿的行为表现，观察内容包括观察对象、观察对象与他人互动时所做的每一件事和所说的每一句话，以及观察对象所处的背景、环境场所等，观察内容及记录具体详细，便于深入把握幼儿行为发生的原因和结果。

④ 资料整理与分析

教师对于收集到的实况记录同样需要定期进行整理，一是活动后的及时整理，由于许多记录是教师在带班过程中记录下的关键词，需要事后及时整理完整。二是对实况记录进行阶段性整理，可以在学期中、学期末系统整理班级幼儿的实况记录，从而了解幼儿的学习与发展情况。

在分析实况记录时，由于实况记录的内容翔实、资料丰富，对于每一份实况记录，教师可以对幼儿某个领域的发展进行深入分析，也可以从各个领域进行多角度、全方位分析。对于阶段性的多份实况记录，教师可以将某个幼儿的先前行为与当下行为进行比较，发现幼儿的进步与发展，也为接下来的教学安排提供依据。另外，由于实况记录比较长，教师可以将实况记录划分为几个阶段，对每个阶段的观

"彩色的小椅子"实况记录

察记录进行分析和解读，实况记录呈现出"夹叙夹议 + 反思"的形式[1]。例如，在"彩色的小椅子"实况记录（请扫码阅读）中，孙老师就是采用了"夹叙夹议 + 反思"的形式，在实录过程中夹杂着对幼儿行为的解读和教师即时的支持策略分析。

此外，在这份实况记录中，孙老师对甜甜操作数学材料的过程进行了详细的连续记录，不仅记录了甜甜的动作，也记录了她与教师互动时的语言，具有很强的真实性与细节性。

3. 日记记录法

（1）日记记录法的含义

日记记录法是指运用如同写日记的方法，以幼儿为观察对象，对其新行为或重要发展事件进行频繁且有规律的记录。日记记录法强调观察幼儿的发展性变化，通过对某一个幼儿进行长期的跟踪观察，有选择性地纵向记录幼儿成长和发展的某些方面——通常是幼儿成长过程中出现的新行为或重要事件，例如幼儿入园适应期的分离焦虑、幼儿第一次自己系扣子等。

（2）日记记录法的使用

日记记录法的使用可以大致划分为确定观察对象、准备观察工具、客观有效记录、资料整理与分析等步骤。

① 确定观察对象

日记记录法的观察对象主要是与观察者长期接触，并且关系较为亲密的幼儿或一些比较特别的幼儿。比较特别的幼儿通常是指某方面的发展相对迟缓或某方面能力比较欠缺的幼儿，这类幼儿容易引起教师的关注。例如，一名入园适应存在困难

---

[1]　董旭花．幼儿园自主游戏观察与记录：从游戏故事中发现儿童 [M]．北京：中国轻工业出版社，2021：9.

的幼儿，通常在刚入园时表现出哭闹、难以参与活动、不能与教师或同伴沟通等行为，教师通过一段时间的观察，采用日记记录法持续记录这名幼儿在班级中的行为表现，并且了解幼儿的行为及其背后的原因，以便及时采取措施帮助幼儿适应新环境。在确定观察对象后，教师需要对目标幼儿的姓名、性别、年龄等信息进行记录。

②准备观察工具

日记记录法的工具准备与轶事记录法基本相同，需要准备纸（观察表格）、笔、拍摄工具等。只是在观察表的设计上，日记记录需要更清晰地呈现观察日期，按照先后顺序记录特定幼儿的行为（表 2–11）。

表 2–11　日记记录法的观察表格

幼儿姓名：	性别：	年龄：
班级：	观察者：	观察次数：
观察日期	幼儿行为描述	
年　　月　　日		
年　　月　　日		
年　　月　　日		
年　　月　　日		

③客观有效记录

幼儿园教师在进行日记记录时，要注意记录的客观性和连续性。

一是客观性。与轶事记录法和实况记录法相同，日记记录法首先要对观察次数、幼儿年龄、观察日期和事件、事件发生的地点、观察者等基本信息进行准确记录，然后按照时间顺序着重记录幼儿出现的新行为或重要事件。然而，有一些新行为相对来说不是那么明显，例如，入园焦虑的幼儿第一次主动向教师求助，第一次将自己的玩具递给其他幼儿等，这些新行为虽然很细微，可能对别的幼儿来说并不是特别值得记录的事件，但对这名幼儿来说就值得记录在观察表格中。在记录时，教师要尽量避免带入个人的主观判断和解释。为了保证观察记录的客观性、提高观察记录的效率，教师还可以利用相机、手机等拍摄工具将幼儿的行为拍摄下来。

二是连续性。与轶事记录法和实况记录法不同，日记记录法需要教师在一段时间内有意识地连续观察特定幼儿的行为表现，系统地获得幼儿连续的发展变化过程。例如，张老师连续一段时间观察明明的同伴互动情况，使用的就是日记记录的方式。

案例 2-1

明明刚转班过来时很害羞，于是张老师决定观察记录他与其他幼儿的互动。

2023-02-23   明明和小花在积木区玩，他帮小花搭了一座塔。

2023-03-12   在歌唱活动时，明明第一次在全班小朋友面前唱歌。

2023-04-06   户外活动时，明明带领一群小朋友玩探险游戏。

---

④ 资料整理与分析

对于日记记录法来说，教师首先需要根据观察对象的不同按照观察日期的先后顺序对日记记录进行整理，从而形成特定幼儿的系列日记，便于教师系统地分析了解幼儿在一段时间内的发展变化，以及教师的支持和引导是否促进了幼儿的发展变化。由于每个幼儿发展的个体差异性，教师在分析日记记录时，需要结合特定幼儿的情况具体分析。

（三）常用的观察方法——取样的方法

1. 时间取样法

（1）时间取样法的含义

时间取样法是指以一定时间间隔为取样标准，来观察记录预先确定的行为是否出现以及出现次数和持续时间的一种观察方法。[①] 这种时间间隔有两种：一种是规律性间隔；另一种是随机性间隔。观察记录的时间间隔取决于观察目标。时间取样法通常用来观察和记录某一特定幼儿或者某个幼儿团体出现频率较高的行为。幼儿园教师可以根据时间取样法得到的资料，统计幼儿出现某一目标行为的次数和频率，为进一步分析提供便利。

（2）时间取样法的使用

时间取样法的使用可以大致分为选择观察对象、记录客观事实、分析行为表现、评价行为并提出建议等步骤。

---

① 施燕，韩春红. 学前儿童行为观察 [M]. 上海：华东师范大学出版社，2011：50.

① 选择观察对象

教师在采用时间取样法对目标幼儿的行为表现进行观察和记录之前，首先要确定观察目标，然后根据观察目标选择观察对象。

时间取样法的观察对象选择范围较广。教师既可以采用时间取样法来观察某一特定幼儿的行为表现，也可以采用这一方法来观察某一幼儿团体的行为表现。在具体操作时，教师可以根据观察目标，确定观察对象的数量。比如，教师的观察目标是了解班级中某一名幼儿学习绘画的坚持性，那么观察对象就可以锁定为这一名幼儿。而如果教师的观察目标是了解全班幼儿学习绘画的坚持性，那么观察对象就可以相应地扩展为整个班级的幼儿。同时，教师在确定观察对象及其数量时，要尽可能地使观察对象的行为代表研究目标的一般形态，也就是说，教师所选定的观察对象要具有一定的代表性，而不是情况特殊的个案（个案观察除外）。

教师在采用时间取样法对目标幼儿进行观察记录之前，要把幼儿的姓名、性别、编号、年龄和观察日期等基本情况进行详细记录，为今后整理班级幼儿成长资料提供方便，也为观察记录的分析提供背景信息。

② 记录客观事实

教师在采用时间取样法对目标幼儿的行为进行观察记录时，要保证观察的有效性和准确性。

首先，教师要对所要观察的目标行为进行分类。在确定行为类别的过程中，要遵循相互排斥原则和详尽性原则。相互排斥原则指的是一种行为一旦从属于某一类别之中，那么它与其他的类别必然是完全排斥的，而如果出现了同一种行为既可以划分到类别 A 中，又可以划分到类别 B 中，那么这种分类方式就是不合理的。详尽性原则指的是所划分的类别要全面，所有的类别加起来要能够形成一个整体，不会出现观察到的行为无从归属的情况。比如，帕顿根据幼儿在游戏中行为的社会参与性，将幼儿游戏状态划分成六大类别：无所事事、旁观、单独游戏、平行游戏、联合游戏和合作游戏。这样的分类就符合上述两个原则。

其次，教师在确定了目标行为的类别之后，要对各行为类别进行操作性定义。操作性定义就是将必须观察或者测查的行为作清楚、详尽的说明和规定。观测指标清楚、详尽的操作性定义可以让从事同一个观察计划的不同教师能够使用同一个行为标准对幼儿的目标行为进行观察，从而提高观察的信度和效度[①]。同时，明确的操作性定义也可以让阅读观察记录的人了解行为标准，从而为资料的再分析提供便利（表 2-12）。

---

① 　杨丽珠.取样观察法：观察法（一）[J].山东教育，1999（15）：11-12.

表 2-12   幼儿在游戏中的社会性参与行为

幼儿在游戏中的社会性参与行为	操作性定义
无所事事	幼儿不游戏，但注意任何有趣的事物。当没有有趣的事发生时，幼儿会自己玩自己的，在椅子上爬上爬下，站在教师旁边或凝视四周
旁观	幼儿大部分时间在看其他幼儿游戏。时常与被观察幼儿谈话，提出问题或建议，但不是全然参与游戏
单独游戏	幼儿单独游戏，并且与其他幼儿玩不同的玩具，不在乎其他人所做的事
平行游戏	在其他幼儿旁边玩，所玩的玩具与周边幼儿类似，但不是一起玩
联合游戏	和其他幼儿一起玩，所有的成员从事类似的活动，有游戏材料的借入借出，但没有分工，活动材料、目标和作品缺乏组织性
合作游戏	幼儿在一个团体中游戏，有分工、合作，有行动的补充，有共同目标

　　然后，在采用时间取样法进行观察记录之前，教师要根据观察目标和自身需要，确定观察时长、间隔时间和观察次数。其中，观察时长是指每次观察所要持续的时间。间隔时间的长度取决于观察时长、观察对象的数目，以及所要记录的细节的多少。如果观察的时长较长，观察对象较多，而且教师所要观察记录的细节较多的话，间隔时间就要相应增长；反之，间隔时间可以相应缩短，甚至不设置间隔时间。观察次数的多少主要取决于观察多久才能获得有代表性的数据。一般来说，当教师对观察行为比较陌生或者所观察的目标行为变化较大时，观察次数需要适当增多；反之，当教师对观察行为比较了解或者所观察的目标行为变化较小时，观察次数可以适当减少[1]。观察时间取决于观察的目标，比如，如果教师想了解幼儿在游戏中的社会交往情况，就可以计划每分钟观察一次这名幼儿，并记录其行为表现。如果一个幼儿具有攻击性、或表现出不太合群，教师可能需要观察一个上午或一整天，此时，观察间隔可以设定为 20 ～ 30 分钟。[2]

　　再次，教师在采用时间取样法对目标幼儿的行为进行观察记录时，要预先根据观察目标和实际需求，制订系统的观察记录表。在观察记录表中，教师除了要对观察地点，观察开始与结束时间和教师的基本信息进行记录之外，还要对行为类别、各时长中目标行为出现的次数和目标行为持续的时间等进行记录。教师所制订的观察记录表需要简单、清楚和直观，从而保证在观察中能够比较方便、快速地对幼儿

[1]　蔡春美.幼儿行为观察与记录[M].上海：华东师范大学出版社，2015：72.
[2]　莎曼，克罗斯，文尼斯.观察儿童：实践操作指南：第3版[M].单敏月，王晓平，译.上海：华东师范大学出版社，2008：60.

目标行为进行记录。另外，教师在制订观察记录表时，还要考虑到自己的时间和能力。如果预计的时间太长，观察次数太多，而间隔时间又相对较短的话，一方面可能会导致自己过于疲惫，另一方面可能也会影响观察结果的准确性。

为了能够更加快速、方便地对所观察到的幼儿目标行为类别、出现次数和持续时间进行记录，教师可以在记录中采用统一的编码、符号和标识进行标注。这就要求教师在采用时间取样法对目标幼儿进行观察记录之前，预先设计好各部分的编码和标识，并对其做出简单的说明和记录①。

最后，教师可以在观察记录表中加入"备注"，用于记录与前面事件无关，但是对结果有影响的事件。由于时间取样法只记录目标行为产生的次数和持续的时间等，而不记录具体的行为表现和行为产生的背景，为了使观察记录更加丰富和翔实，教师可以将时间取样法与描述观察法相结合（表 2-13）。同样，关于目标行为的具体描述，教师也可以在备注部分进行记录。

表 2-13　以计数 + 备注形式进行时间取样观察记录

观察对象：曼曼、柚子
观察时间：2021 年 11 月 4 日上午 9:00—9:09
观察地点：表演区

	无所事事	旁观	独自游戏	平行游戏	联合游戏	合作游戏
9:00—9:01	1（曼曼在表演区外走来走去）					
9:01—9:02			1（曼曼拿起一个帽子戴在头上，然后放下，又拿起一个眼镜）			
9:02—9:03				1（看到柚子穿着公主衣服，幼儿也拿起一件公主衣服）		
9:03—9:04				1（穿衣服）		

---

① 林磊，程曦 . 儿童心理研究中的时间取样观察法 [J]. 心理发展与教育，1992（2）：32–36.

续表

	无所事事	旁观	独自游戏	平行游戏	联合游戏	合作游戏
9:04—9:05					2（像公主一样走来走去；互相观察对方动作）	
9:05—9:06					1（跳舞）	
9:06—9:07						1（曼曼说：我们都是公主，我们正在参加舞会）
9:07—9:08						1（手拉手跳舞）
9:08—9:09						1（曼曼说：舞会结束了，我们去玩别的吧）

③ 分析行为表现

教师在采用时间取样法对幼儿的目标行为进行详细的观察和记录之后，要根据观察目标，对幼儿的行为表现和发展状况进行分析。由于时间取样法可以在短时间内收集大量的资料，教师可以通过对观察记录的分析，了解幼儿目标行为出现的频率、持续的时间和幼儿行为表现中存在的问题等。

④ 评价行为并提出建议

教师在采用时间取样法对幼儿的目标行为进行分析之后，要对幼儿的行为表现进行评价，并为日后的教育教学工作提出更具针对性的措施和建议。教师在对幼儿的行为表现进行评价时，可以依据儿童发展理论及相关知识，对目标幼儿现阶段的发展状况与发展常规模式进行对比，并根据目标幼儿的具体问题，提供适当的帮助。

2. 事件取样法

（1）事件取样法的含义

"事件"是指可以归类为某个特殊范围的一些行为。事件取样法是以选定的行为或事件的发生为取样标准，从而进行观察记录的一种方法。事件取样法是在自然情景中，等待所要观察的行为出现，当行为出现后立即将其记录下来，也可以包括行为发生的背景、发生的原因、行为的变化、行为的终止与结果等内容。事件取样法的重点是"事件"，选择某一特定的事件作为记录的对象，注重行为的特点、性质。事件取样法的选择性程度比较高，既可以是开放性的，也可以是封闭性的。事件取样法可以分为符号系统记录法和叙事描述法两类。

（2）事件取样法的使用

事件取样法的使用可以大致分为选择观察对象、记录客观事实、分析行为表现、评价行为并提出建议等步骤。

① 选择观察对象

教师在运用事件取样法对幼儿进行观察记录之前，首先要对自己的观察动机和目的有清楚地认识和了解，也就是说要首先确定观察目标。事件取样法既可以选取某一特定幼儿作为观察对象，也可以选取幼儿团体作为观察对象。教师要根据观察目标选取观察对象，比如教师发现班级中的某一名幼儿经常表现出攻击行为，观察目标是要更加全面地了解该幼儿的攻击行为特征、原因及其影响，那么观察对象就可以锁定为这名幼儿。如果教师发现班级中的多名幼儿经常发生争吵行为，观察目标是要了解他们出现正常行为的原因，以便计划相应的解决措施，那么观察对象就是由多名幼儿组成的幼儿团体。

教师在采用事件取样法对某一特定幼儿或幼儿团体进行观察记录之前，要把幼儿的姓名、性别、编号、年龄和观察日期等基本情况进行详细记录，从而为今后整理班级各名幼儿的成长档案以及分析各名幼儿的发展水平等提供便利。

② 记录客观事实

首先，教师在确定了观察目标和观察对象之后，应对目标行为进行明确的界定，其中包括遵循相互排斥原则和详尽性原则根据行为发生的原因或观察目标对目标行为进行分类，以及对各行为类别进行操作性定义。

其次，为了保证取样事件的代表性，教师必须事先充分了解所要观察的目标行为的特点，包括目标行为经常发生的时间、地点和情境等，这样教师才能在目标行为发生的时候，立即辨认出这些行为，并迅速进行观察记录。并且观察者还需要提前考虑观察实施的适当性和可行性，充分了解观察地点的特点，为观察的实施提供便利。

然后，教师要事先决定记录目标行为的哪些方面，从而在观察时有所侧重，并保证记录的完整性。一般来说，事件取样法的观察记录包括以下五个方面的内容，分别是事件持续时间（也可以将事件开始时间和结束时间分别记录）、事件发生背景、事件发生经过（包括目标幼儿的行为，及其与其他人的互动）、事件导致的结果和事件产生的影响。教师还可以根据自己的兴趣，记录和描述事件发生的细节，从而积累更为丰富的素材，使后期对观察记录的分析和评价更具全面性和客观性。

　　最后，教师在采用事件取样法对幼儿的目标行为进行观察记录时，要事先根据观察目标和计划观察的内容，制订观察记录表。观察记录表的设计应该尽可能简便，教师要将代码的类别在观察记录表中清楚地标识出来，便于遗忘的时候及时查看，同时，观察记录表中要留有足够的空间，方便教师使用文字对事件发生的具体细节进行记录。例如，用事件取样法对一名幼儿的攻击性行为进行观察时，教师可以采用以下记录形式（表 2-14）。每当发现幼儿出现一次攻击性行为便可以在表格中进行记录，通过这张观察表，教师可以了解事件发生前后的情况、幼儿攻击性行为发生有什么规律，以便有针对性制定指导幼儿行为的策略。

表 2-14　幼儿攻击性行为的观察记录

时间	事件	事件发生背景	事件发生经过	事件导致的结果	分析

　　③ 分析行为表现

　　在观察记录的基础上，教师应根据观察目标对幼儿的行为表现进行分析。在分析观察记录时，教师务必保持客观的态度。此外，教师在对观察记录中的幼儿行为进行分析时，要考虑到行为发生的背景。

　　④ 评价行为并提出建议

　　在对幼儿的目标行为进行分析之后，教师要根据幼儿发展理论或相关专业知识，对幼儿的行为表现进行评价。需要注意的是，教师只有对幼儿的目标行为进行累计几次或者持续一段时间的观察之后，才能收集到相对充分的观察资料，依据这些资料才能对幼儿作出相对全面的评价，从而能够对幼儿产生目标行为的原因有更为深刻的认识与理解。在此基础上，教师才能为日后更好地开展教育教学工作提出行之有效的对策建议[①]。

（四）常用的观察方法——评定的方法

1. 行为检核法

（1）行为检核法的含义

　　行为检核法又称清单法、检测表单法等，是指观察者依据一定的观察目的，事

---

① 侯素雯，林建华. 幼儿行为观察与指导这样做 [M]. 上海：华东师范大学出版社，2014：27.

先拟定所需要观察的项目，并将它们排列成清单式的表格，然后通过观察，根据检核表内容逐一检视幼儿行为出现与否的一种观察与记录方法。所谓清单，是人们生活中经常用到的一种记录表格。人们在购物或者需要做一系列事情前，为了不遗漏什么，往往先写下一份清单，然后根据预先准备好的清单购物或做事，每买好一样东西或完成一项事情就划掉清单上的一列，直至全部完成。

行为检核法具有较高的实用性和便捷性，它不受制于情境，可以随时随地对幼儿的行为进行观察记录，是观察者经常使用的一种方法。一般来说，行为检核表法的记录方式是二选一，也就是使用"有"或"无"、"是"或"否"来进行记录。由此可知，行为检核法是指将一系列行为项目进行排列，并标明关于这些项目是否出现的两种选择，供观察者判断后选择其中之一并作出记号的方法。[①]

（2）行为检核法的使用

行为检核法相对于其他方法来说比较容易使用，对幼儿园教师来说更是如此。但是使用行为检核法的一个关键之处，是在使用前要进行比较周密和详细的计划。这个计划的核心便是对所要观察行为的确认。因为教师在运用行为检核法时，检核的是自己希望了解的行为，所以检核的项目必须事前清楚地确定，这样才能在使用时实现观察目标。接下来，我们通过一个案例来了解行为检核法的使用。

① 列出所要观察内容的重要项目

例如，左老师是一名大班的班级教师。为了更好地开展教育教学工作，她需要了解班级幼儿数学能力的发展情况。左老师决定采用行为检核法进行观察记录和分析。首先，她对 5 岁幼儿可以达到的数学能力进行了分析，并列出了她认为重要的项目（表 2-15）。

表 2-15　5 岁幼儿数学能力项目表

数学能力项目
1. 认识圆形、三角形、正方形、长方形
2. 知道圆形、三角形、正方形、长方形的正确名称
3. 能从一数到十
4. 会一对一的对应，并对应到十
5. 有大小、长短的概念
6. 知道首先的、中间的及最后的
7. 了解"较长""较少"的意义

---

① 莎曼，克罗斯，文尼斯．观察儿童：实践操作指南：第 3 版 [M]．单敏月，王晓平，译．上海：华东师范大学出版社，2008:.60.

② 列出目标行为

在列出这些重要的数学能力项目之后，接下来是对这些项目逐一分项，列出目标行为。上例中的第一项是"1. 认识圆形、三角形、正方形、长方形"，其含义是幼儿能认出这些形状，不需要说出这些形状的名称。于是左老师设计了下表（表 2-16）。

表 2-16　5 岁幼儿形状与名称的匹配

当教师说到下列形状的名称时，幼儿能把形状挑出来：

形状	是	否
1.1 圆形		
1.2 正方形		
1.3 三角形		
1.4 长方形		

这些内容就是针对第一项"1. 认识圆形、三角形、正方形、长方形"而列出的目标行为，也就是教师希望了解幼儿是否能知道什么是圆形、正方形、三角形、长方形。如果幼儿能够在左老师说出这些形状的名称后，找出相应的形状，那就说明该幼儿是认识这些形状的，这样能方便教师检核行为是否出现。当每一个项目都完成这样的工作之后，这一步就完成了。同样是关于形状的认知，第二项"2. 知道圆形、三角形、正方形、长方形的正确名称"，则是需要了解幼儿是否说得出这些形状的名称，因为除了"说出"以外，几乎没有其他更好办法可以了解幼儿是否"知道"或是"不知道"的（表 2-17）。

表 2-17　5 岁幼儿能否正确说出形状名称

	是	否
1.1 圆形		
1.2 正方形		
1.3 三角形		
1.4 长方形		

③ 依照逻辑组织目标行为

完成以上的步骤之后，接下来的工作是要将列出的目标行为依照一定的逻辑加以组织。按照何种逻辑加以组织，可以依据教师的习惯。例如，有的检核表以幼儿活动时的场地顺序来排列，有的以活动开始的时间顺序来排列，也有的按照行为类别来排列。而左老师在"5 岁幼儿数学能力检核表"中，则是按照行为的难易程度来排列的（表 2-18）。

表 2-18　5 岁幼儿数学能力检核表

题项	是	否	题项	是	否
a. 能根据名称能把形状挑出来			e. 能进行一一对应		
圆形			两个物体		
正方形			三个物体		
三角形			五个物体		
长方形			十个物体		
b. 能从一数到十			多于十个物体		
c. 能正确地说出下列图形名称			f. 能理解下列概念的指示		
圆形			第一		
正方形			中间		
三角形			最后		
长方形			g. 能理解下列概念的指示		
d. 能理解下列概念的指示			多于		
大于			少于		
小于					

④ 根据观察目标设计记录表

每位观察者在进行观察记录时，都会有不同于别人的观察目标，所以在设计检核表时，也一定会将这些观察目标包含在检核表中。在对 5 岁幼儿数学能力检核的观察活动中，左老师的观察目标有两个：一是在幼儿进入中班时是否具有这些能力；二是观察记录该能力出现的时间。为了记录这两个观察目标，左老师需要在表格中加上幼儿的姓名，以及幼儿的年龄、性别、日期等信息，并且在检核表的右侧加上一个项目"如果为'否'，则记录第一次出现的时间"（表 2-19）。这样，左老师就可以知道幼儿尚未达到的能力，在学期结束时，还可以查看个别幼儿或幼儿团体出现这些行为的顺序及时间。

表 2-19　5 岁幼儿数学能力检核表（示例）

题项	是	否	如果为"否"则记录第一次出现的时间
a. 能根据名称能把形状挑出来			
圆形	√		
正方形	√		

续表

题项	是	否	如果为"否"则记录第一次出现的时间
三角形	√		
长方形	√		
b. 能从一数到十	√		
c. 能正确地说出下列图形名称			
圆形	√		
正方形	√		
三角形	√		
长方形		√	9 月 25 日
d. 能理解下列概念的指示			
大于	√		
小于		√	10 月 10 日
e. 能进行一一对应			
两个物体	√		
三个物体	√		
五个物体	√		
十个物体		√	10 月 20 日
多于十个物体		√	10 月 25 日
f. 能理解下列概念的指示			
第一	√		
中间		√	11 月 1 日
最后		√	11 月 16 日
g. 能理解下列概念的指示			
多于		√	12 月 2 日
少于		√	12 月 25 日

⑤ 完善观察记录表格

行为检核法的观察记录表格一般有两部分内容。第一部分是静态的描述项目，即观察对象及情境中具有定特性的项目，如年龄、性别、家庭社会地位和经济水平、物理环境的特点和时间等。这些项目可以用符号来检核，且不受时间和情境的限制，可以随时进行记录。第二部分是动态的检核项目。此活动指的就是行为，也就是观察的重点。在观察时段内记录特定行为的出现，有一份列有行为项目的表格，只要幼儿在观察时段内出现这些行为项目，教师就在表上进行记录。

综上所述，行为检核法在幼儿园中运用较多，教师可以根据本园、本班幼儿的具体情况与要求，自制行为检核表，对重要行为进行观测。例如，幼儿园教师也许想知道自己班级的幼儿具备哪些运动技巧，如谁能够用单脚跳，谁能够拍五下球等，这类观察都可以运用行为检核表进行。又如，教师想了解周末儿童在家都做些什么、相应的行为有哪些，也可以运用行为检核法，请家长一起观察和记录。

2. 等级评定法

（1）等级评定法的含义

如果我们想要了解幼儿的某种行为是否发生，运用行为检核法是十分合适的。但是在很多情况下，教师并不仅仅想了解行为是否发生，他们还想了解该行为发生的程度、频率如何。例如，幼儿经常会出现的依赖行为，这种行为在某个班级的幼儿团队或某个幼儿身上是经常发生，还是偶尔发生，这时如果运用行为检核法，就无法进一步区分。等级评定法则可以细致地了解这些情况。等级评定法是对被观察者进行观察后，对其表现行为所达到的水平进行评定，并能够判断行为质量高低的一种方法。

等级评定法往往不需要现场直接观察与记录，而是在事后根据观察者对被观察者行为的记忆进行记录，因此它并不是一种直接的观察方法。等级评定法提供了快速、方便地概括出观察印象的途径，因此在幼儿园观察活动中运用较多。也有人认为等级评定法与行为检核法相当类似，都属于观察者自己的判断，并且都既可以在现场边观察边记录，也可以在事后记录。两种方法的区别在于：行为检核法是对于行为是否出现进行判断，而等级评定法则对有关行为出现的程度或如何表现进行判断。所以，等级评定法想要能够真正体现其价值，等级评定表必须正确才行，即对于要评定的人、地方、物体或表现，明确的题目、数字值或某些图形测量都需要预先设定好。另外，等级评定法是用数量来判断行为事件在程度上的差别，这种方法可以用于任何不易测量的材料。等级评定法有四个以上的等级，需要评定者个人主观的判断，如对幼儿的某个行为是属于"经常"还是"很少"，都是依据评定者个人的判断。虽然这具有一定的主观性，但是如果采用不同的人对同一对象的行为进行重复判断，这样所获得的资料就比较有价值。

等级评定的方法在具体使用时有几种不同的类型，主要表现在量表的设计上，它们都是属于等级评定法的范畴。常见的量表主要有数字等级量表、图形量表、标准化量表、累计点数量表和强迫选择量表等。

（2）等级评定法的使用

等级评定法的使用可以大致分为选取适宜的等级评定量表类型和设计等级评定量表等步骤。

① 选取适宜的等级评定量表类型

教师使用等级评定法时，首先需要根据观察目标选取适合的等级评定量表。在相关领域的研究中有一些成型的量表，它们经过研究者们多次的使用和修订，不断得到改进和完善。教师在使用等级评定法时，应该尽量查找并采用一些通用的、具有一定权威性的量表，这样既可以帮助自身获得大量有效的观察信息，又可以减少前期准备工作，缓解工作压力。

② 设计等级评定量表

由于观察目的或研究目的不同，教师有时在已有量表中难以选到合适的量表，这时就需要自行设计、编制适合自身观察需要的量表。在行为检核法中提到的一些编制检核表的方法，同样适用于等级评定法中量表的编制，在此不再重复。但等级评定法与行为检核法仍存在一定差异，在编制过程中教师还需要注意以下几点：

一是确定等级标准。等级评定法需要确定的是行为出现的频率和程度，因此确定等级标准是运用等级评定法的关键所在。一般而言，等级评定法有四个或以上的等级，教师可以依据观察目标，从行为发生的频率（总是、经常、偶尔、极少、从不）或是行为发生的程度（优、良、中、差）等方面来制定等级标准。在确定了使用何种等级标准之后，还需进一步界定各等级的具体标准。

二是注意量表中的语言运用。首先，等级评定表中的语句应尽量简单、明了，使用短而容易理解的语句来进行表达。例如，在"幼儿清扫能力评定表"中运用了诸如"会使用抹布擦桌子、椅子""会将使用过的工具归回原位""会将垃圾丢到垃圾桶内"等语句，十分清楚明白。其次，确定用语和提示都应与被评定的项目一致。也就是说，所运用的语句和提示都要能确实地说明希望评定的项目。例如，教师想要了解幼儿的争执行为，经分析后认为，幼儿争执行为可以从三个方面了解，即抢夺行为、破坏行为和愤怒行为。其中，抢夺行为应包括"抢夺别人的玩具""抢占地方""抢别人的关注"等各个方面。最后，在等级评定表中，用词要谨慎，每个词只描述一个特别的意义，不应使用同一个词表示多种意义。同时，还应该尽量避免使用一般性的词汇，如"平均""很""很好"等。形容行为的用词避免涉及价值判断，如好的坏的。

三是使用等级评定法的注意事项。等级评定法本质上是观察者对观察对象的一种主观判定，因此在使用时教师需要尽量避免主观偏见的干扰。此外，要明确等级评定法不是万能的，所以，教师在使用之前要考虑是否可以用更为可靠的方法进行观察记录与评价。如果可以用其他更可靠方法进行的内容，就不要使用等级评定法。

　　为了使评价结果更加客观，教师可以采取以下几点措施：第一，要多次观察。一两次的观察可能会使观察的偶然性和片面性程度较高，教师难以做出准确的判定。多次观察可以使教师更加全面深入地了解观察对象，增强观察结果的客观性和可靠性，有利于教师作出更加准确的等级评定。第二，要多人观察。为了避免观察者的主观偏见所带来的影响，最好有两个或以上教师一起对幼儿的行为作出评定。多人评定的情况下，如果出现观察结果分歧较大的情况，可以通过重新评定或是评定者之间进行商讨等方式以达成一致。与单人评定相比，多人评定的结果更加准确，大大减少了主观偏见对等级评定的影响。第三，要提高教师自身的专业性。教师在对幼儿行为进行评定时，要尽可能避免由于评定者自己的原因导致的错误，作出客观准确的评定。不要出现评分整体过高或过低，或趋向平均的状况。同时，评定时应当依靠回忆幼儿的真实行为表现，而非教师自身的联想与猜测，如"他的父母是这样做的，所以他应该也是这样"或者"可能是这样的"，而应该是"我看到他是这样的"这一类的判定。

　　根据不同的观察目的，幼儿园教师应该选择不同的观察方法与之相匹配，在这里我们总结了不同观察方法的优势和局限性（表 2-20）。

表 2-20　不同观察方法的比较

观察记录方法	类型	优势	局限性
日记记录法	叙事	高度详细	耗费时间；教师在观察时不能与幼儿互动
轶事记录法	叙事	与幼儿互动的同时非正式、迅速完成；通过一系列轶事记录能发现规律和异常行为	不够系统；教师容易带入主观性与偏见
时间取样法	结构化	高效客观、可同时观察多个幼儿、可为研究提供量化数据	耗费时间；教师容易带入主观性与偏见
事件取样法	结构化	聚焦于某种事件，能帮助教师了解其何时及为何发生	无法提供这一特定事件之外的信息
行为检核法	结构化	容易使用；帮助教师观察到她们自己可能会忽略的行为	局限在检核表中的项目进行观察；缺乏详细的细节描述；编制不完善，对观察者的要求高
等级评定法	结构化	可同时观察多个幼儿的几种行为；可以多个老师对同一个幼儿观察；可以测量一些类似坚持性等难以量化的特性	局限固定项目进行观察；缺乏详细的细节描述

五、制订观察计划

详细、周密的观察计划是观察顺利进行的保证，不仅能够有效提高观察的质量和效率，而且还能增强所得资料的准确性和可靠性。

观察计划一般需要对观察的目标、观察的对象、观察的情境、观察者的角色、观察的时间和次数、观察记录的方法等要素进行系统规划和设计。

（一）观察的目标

幼儿园教师应该进行有目的的观察，提升观察质量。教师的观察是专业的观察。专业观察并非教师随兴趣所致，而常常是事先有目的的。观察的目的主要指向所要观察的幼儿发展领域或范畴，是比较宽泛的。在观察目的明确以后，教师就需要将观察目标加以界定，观察目标是对幼儿在所观察领域中的具体能力或行为表现的陈述，是观察目的的具体展开。例如：

观察目的： 观察四岁幼儿在建构模型中的表现，了解其操作技能和解决问题的能力。

观察目标： 观察早早使用剪刀和胶水的能力，观察早早如何计划其建构模型并把模型做出来的能力。[①]

（二）观察的对象

教师在进行观察之前，应该先将观察对象界定清楚，包括观察对象的数量及范围。例如，教师是观察一个幼儿还是一组幼儿？如果观察一名幼儿，是随机选择一个幼儿，还是观察特定幼儿？观察对象在观察计划中被界定出来，这样才能使观察集中于某个或某些幼儿，而不至于太扩散而失去观察的焦点。

（三）观察的情境

教师对幼儿的观察常常是在自然环境下进行。观察的情境主要是指幼儿所处的活动情境，如一日生活活动、区域游戏活动、综合主题活动、早期阅读活动等。观察情境还需要根据观察目标进行选择或者"设计"。例如，要观察幼儿的角色扮演行为，那么教师需要创设表演区，为其提供剧本、用于表演的道具，或提供制作道具的材料等，以便激发幼儿表演行为的产生。

---

① 莎曼，克罗斯，文尼斯.观察儿童：实践操作指南：第 3 版 [M].上海：华东师范大学出版社，2008：17.选用时有改动。

（四）观察的取样

通过观察取样，既能收集到可以代表主题意义的重要行为，又可以用来简化资料收集的复杂过程。选择观察取样的方法时可以从两方面来考虑：一是观察时间的界定；二是观察事件的界定。

（五）观察者的角色

观察者和被观察者的关系，在于观察者是否参与被观察者的活动。一般情况下，带班教师是一个参与式观察者，幼儿跟教师很熟悉，使得教师能够在自然的状态下观察幼儿。但是参与幼儿活动的同时开展观察也会存在一定的困难。教师的注意力可以集中在幼儿身上，但对活动的参与会妨碍记录，另外，如果参与幼儿的活动，可能会遗漏一些重要信息。对于幼儿园教师来说，一方面，班级通常配有两教一保，两名教师可以提前制订观察计划、做好角色分工，如一名教师负责观察幼儿，另一名教师参与幼儿活动；另一方面，教师也可以提前计划需要观察的区域，可以借助照相机、录像机等设备录制幼儿在该区域中的活动表现，教师可以充分参与或指导幼儿活动。

（六）观察的时间和次数

观察的时间：每次观察特定的期限，即在什么时候进行观察，一共观察多少时间。还包括记录行为的持续时间多少和反应时间的多少。

观察的次数：在实施观察中需作多少次观察，以及观察行为在一定时间内发生或重复的频数。

观察的时间和次数构成了观察日程。观察日程指的是观察中收集资料需要经过多长时间，它包括观察活动的开始到结束的全部时间。

（七）观察记录的方法

观察记录的方法主要分为叙述的方法、取样的方法、评定的方法，具体的观察记录方法前文已有详细说明。除此之外，教师还可以使用照片、视频、录音等手段辅助观察记录。

教师在选择观察记录的方法时，第一，要考虑观察的目的，如果观察目的是了解某个幼儿在益智区解决数学问题的过程，那么实况记录的方法可能更加适合。第二，要考虑是否需要充分记录幼儿信息。如果只需要了解幼儿的某些行为是否发生，或者幼儿是否掌握了某种技能，但是对幼儿行为的具体细节、行为发生的前因后果不需要了解，那么检核表、时间取样等方法更合适。第三，要考虑个人的观察角色和时间精力。如果教师能够跟同事分工，作为旁观者角色进行非参与式观察，那么每种观察记录方法都比较容易实现，但如果教师需要在带班的同时进行观察，那么轶事记录、行为检核等方法省时省力，便于高效完成。

表 2-21 是一份观察计划示例，幼儿园教师可以参考借鉴。

表 2-21　观察计划示例[①]

维度	内容
观察目标	观察大班幼儿在表演区运用道具表演熟悉故事的能力
观察者	王老师
观察日期	2021 年 11 月 10—14 日
观察者的角色	旁观者
观察对象	选择表演区的幼儿
观察环境创设	供幼儿表演的故事、图画书《我也要搭车》
表演区背景创设	森林、草地、小河 道具：动物旅游车、木屋、方向盘 材料：高结构（动物头饰、面具、动物简易服饰、音箱），低结构（废旧纸箱、饮料瓶、纱巾、大小盒、积木、椅子、塑料袋等）
观察记录方法	实况记录法
观察内容	对故事主要元素的表现，包括：时间、地点、角色、事件等； 故事的情节的变化； 角色的独白和对话； 故事角色的表情、动作； 呈现故事的时间概念

【我来写一写】

1. 下面关于有目的的观察的描述，你认为哪些是正确的？请在正确描述后面的圆圈内画√。

教师的专业的有目的的观察和日常观察一模一样。　○

有目的的观察是具有结构性的。　○

有目的的观察就是"事实获取—主观判断"的过程。　○

观察目的指将要观察什么和完成什么的表述。　○

[①] 侯素雯，林建华. 幼儿行为观察与指导这样做 [M]. 上海：华东师范大学出版社 . 2014：15.

2. 请在下面横线上写上观察计划的内容。

(1)_____
(2)_____ 观察的对象
(3)_____
(4)_____

观察计划

(5)_____
(6)_____
(7)_____
(8)_____

3. 一般而言，从方法论上，下列观察方法可以分为哪两大类？请用自己喜欢的符号进行分类。

定性观察方法　　轶事记录法　　时间取样法　　定量观察方法　　行为检核法　　事件取样法

【我来练一练】

请选取 3 种观察方法，并写出相应的幼儿观察计划。

第二节　设计和实施有目的的观察活动

【我来写一写】

回顾自己设计得比较满意的一次观察活动，并反思自己是如何进行观察的，观察的目的是什么，观察的方法是什么，观察到的幼儿行为表现和教师支持策略是什么样的，以及这次观察的意义和作用。

维度	内容	
活动类型	☐　一日生活活动 ☐　区域游戏活动	☐　综合主题活动 ☐　早期阅读活动
观察目的		
观察方法	☐　时间取样法 ☐　事件取样法 ☐　轶事记录法	☐　连续记录法 ☐　行为检核法 ☐　等级评定法
观察内容	幼儿在学习过程的典型行为表现	教师在幼儿学习过程中的支持策略
观察的意义和作用		

一、在一日生活活动中设计和实施有目的的观察活动

（一）活动 1.1：讲故事

活动内容：请你回顾自己班里的幼儿或者选择一个你身边比较有代表性的幼儿，为大家讲述一下你是如何在一日生活活动中观察这个幼儿的故事。

怎样进行活动：

1. 你可以和同事讲，也可以和一起参与培训或研修的小组成员讲。故事应描述出你为什么要观察这个幼儿，及其在一日生活活动中的行为表现，重点介绍你在活动中观察幼儿的方法。

任务单 S2.1.1

我在一日生活活动中的观察故事

我观察这个幼儿的目的：

这个幼儿在活动中的表现：

我观察这个幼儿的方法：

讲述人：

---

2. 在相互讲述的过程中，请你总结出如何在一日生活活动中设计和实施有目的的观察活动。

任务单 S2.1.2

3. 你也可以举例说明自己在一日生活活动中是如何观察幼儿的，自己在观察幼儿时的不足之处，以及下次希望重点改进的三个方面。

任务单 S2.1.3

我的思考与改进：

1.

2.

3.

（二）活动 1.2：课堂观摩

1. 观摩目的

（1）重点观察 1 名幼儿在一日生活活动的某个环节的行为表现，他经历了什么样的学习过程。

（2）观察带班教师在幼儿学习过程中进行了什么样的支持，对幼儿有什么样的影响。

2. 观摩前的准备工作

（1）经验准备

教师掌握有目的的观察应该是什么样的、有哪些特征、包括哪些基本步骤和要素。

教师掌握一日生活活动观察的目标、重点和难点，在观摩中的注意事项等内容。

（2）物质准备

课堂观摩工具；手机、相机等拍摄工具。

3. 观摩过程中需要使用的工具

任务单 S2.1.4		
在一日生活活动中进行有目的的观察表		
观察时间：	观察地点：	观察者：
观察对象：	班级：	带班教师：
观察目的：		
我观察的一日生活活动环节	☐ 入园 ☐ 饮水 ☐ 盥洗 ☐ 进餐 ☐ 如厕	☐ 午睡 ☐ 整理 ☐ 户外活动 ☐ 离园
我看到的幼儿，有这样的行为表现：		
我看到的教师，是这样支持了幼儿的学习过程：		
我觉得可以学习的地方： 1. 2. 3.		
我觉得可以改进的地方： 1. 2. 3.		

4. 注意事项

· 教师应进行有重点、有节点的观察和记录。

· 教师在观察过程中不应干扰幼儿的学习。

（三）活动 1.3：案例分析

1. 案例呈现

观察对象	紫宣 家祺 子睿	年龄	4 岁 6 个月 4 岁 6 个月 4 岁	性别	女 男 男
观察者	赵老师	时间	10 月 13 日	地点	盥洗室
观察实录	紫宣是今天的小值日生，在盥洗室帮助小朋友放衣袖。子睿打开水龙头，用手指圈了一个圈，让水可以从指间流出去，趴在水台上玩。家祺在子睿后面说："你快点！"子睿没有回应，继续玩水。家祺边跺脚边用手推子睿说："子睿你听到没有！你快点洗手！"子睿转过头，用手推了家祺一下，家祺攥着拳头放在身体两侧，冲着子睿喊道："你为什么推我！"子睿说："你先推我的！"家祺伸手就要推子睿，紫宣上前制止说道："你们都别吵了，子睿你快点洗手，后面小朋友还等着呢，家祺你也不该推子睿。你们快点洗吧！"				
观察分析	子睿和家祺之间因为洗手慢的问题发生了争执，紫宣在两人再次要动手的时候，出面阻止，并分别对两人说明了情况，也表达了两个人都存在问题，及时中止了矛盾的升级。 （北京市大兴区第十一幼儿园，赵懿君）				

2. 案例分析

（1）你能描述一下案例中赵老师的观察目的吗？

> **任务单 S2.1.5**
>
>

（2）赵老师使用了怎样的观察记录方法，你能分析一下吗？

> **任务单 S2.1.6**
>
>

（3）你认为赵老师观察到的内容是什么？你能从幼儿典型行为的角度描述一下吗？

任务单 S2.1.7

观察内容：

（4）请你根据自身经验，设计一个在一日生活活动中进行有目的的观察的方案。

任务单 S2.1.8

二、在区域游戏活动中设计和实施有目的的观察活动

（一）活动 2.1：讲故事

活动内容：请你回顾你带过的幼儿或者选择一个你身边比较有代表性的幼儿，为大家讲述一下你是如何在区域游戏活动中观察这个幼儿的故事。

怎样进行活动：

1. 你可以和同事讲，也可以和一起参与培训或研修的小组成员讲。故事应描述出你为什么要观察这个幼儿，及其在活动中的行为表现，重点介绍你在活动中观察这个幼儿的方法。

任务单 S2.2.1

我在区域游戏活动中的观察故事

我观察这个幼儿的目的：

这个幼儿在活动中的表现：

我观察这个幼儿的方法：

讲述人：

2. 在相互讲述的过程中，请你总结出如何在区域游戏活动中进行有目的的观察。

任务单 S2.2.2

我 的 总 结

---

3. 你也可以举例说明自己在区域游戏活动中是如何观察幼儿的，自己在观察幼儿时的不足之处，以及下次希望重点改进的三个方面。

任务单 S2.2.3

我的思考与改进：

1.

2.

3.

（二）活动 2.2：课堂观摩

1. 观摩目的

（1）重点观察 1 名幼儿在区域游戏活动中经历了什么样的学习过程。

（2）观察带班教师在幼儿学习过程中进行了什么样的支持，对幼儿有什么样的影响。

2. 观摩前的准备工作

（1）经验准备

教师掌握幼儿有目的的观察应该是什么样的、有哪些特征、有目的的观察经由哪些基本步骤。

教师掌握区域游戏活动观察的目标、重点和难点，在观摩中的注意事项等内容。

（2）物质准备

课堂观摩工具；手机、相机等拍摄工具。

3. 观摩过程中需要使用的工具

任务单 S2.2.4

<table>
<tr><td colspan="3" align="center">在区域游戏活动中进行有目的的观察表</td></tr>
<tr><td>观察时间：</td><td>观察地点：</td><td>观察者：</td></tr>
<tr><td>观察对象：</td><td>班级：</td><td>带班教师：</td></tr>
<tr><td colspan="3">观察区域：□美工区 □阅读区 □表演区 □建构区 □益智区 □其他区：_____</td></tr>
<tr><td>活动过程</td><td>幼儿学习过程中的行为描述</td><td>教师支持幼儿学习过程的行为描述</td></tr>
<tr><td>产生兴趣阶段</td><td></td><td></td></tr>
<tr><td>开始操作阶段</td><td></td><td></td></tr>
<tr><td>专心致志阶段</td><td></td><td></td></tr>
<tr><td>完成活动阶段</td><td></td><td></td></tr>
<tr><td rowspan="2">观察反思</td><td>我认为值得学习的地方</td><td>我认为可以改进的地方</td></tr>
<tr><td>1.

2.

3.</td><td>1.

2.

3.</td></tr>
</table>

（三）活动 2.3：案例分析

1. 案例呈现

热爱涂色的你

喜欢涂色活动的你，这是第二天来到美工区进行涂色游戏，你对老师说："老师，我涂不好。"老师告诉你没关系，只要慢慢涂、认真涂就可以。

不一会儿，你已经涂完了三张作品，每幅都选择了不同的颜色。老师和你说尽量控制画笔，不要将颜色涂到黑线外面，你说："我就喜欢涂在外面。"在之后的一天你依然坚持选择美工区，并且用很快的速度完成了三四张作品。

老师觉得可能小尺寸的画纸不能满足你的小肌肉发展，于是为你提供了大尺寸的涂色作品。还没等老师告诉你，你已经选择了大尺寸的涂色纸，原来你就是喜欢涂大尺寸的纸，老师猜得没错。老师告诉你，要慢慢涂，尽量控制画笔，不让颜色涂到黑线外面，这次你涂色的速度明显变得慢了不少，当涂到边缘处，小手也握紧了画笔。当你看到了其他小朋友在同一个作品用了不同颜色时，你也选择了第二种颜色"红色"来继续涂色。之后老师去看了其他区小朋友进行游戏，回来后看到你在涂"领带"，速度明显加快了，开始随意涂，颜色也都"跑出"了黑线。

周五，你还是选择了美工区，你已经连续五天来到美工区，你真是太喜欢涂颜色啦！今天你还是选择了大尺寸的画纸进行涂色，你自主进行涂色，老师并没有陪伴。涂完后你高兴地将作品拿给老师看，这次涂得真是太棒了，老师猜你一定控制了自己手中的画笔，而且每一笔一定很认真。

2. 案例分析

（1）你能描述一下案例中教师的观察目的吗？

任务单 S2.2.5

观察目的：

（2）案例中的教师使用了怎样的观察记录方法，你能分析一下吗？

任务单 S2.2.6

观察记录方法：

（3）你认为案例中的教师观察到的内容是什么？你能从幼儿典型行为的角度描述一下吗？

任务单 S2.2.7

观察的内容：

（4）请你根据自身经验，设计一个在区域游戏活动中进行有目的的观察的方案。

任务单 S2.2.8

三、在综合主题活动中设计和实施有目的的观察活动

（一）活动 3.1：讲故事

活动内容：请你回顾自己班里的幼儿或者选择一个你身边比较有代表性的幼儿，为大家讲述一下你是如何在综合主题活动中有目的的观察幼儿的故事。

怎样进行活动：

1. 你可以和同事讲，也可以和一起参与培训或研修的小组成员讲。故事应描述出你为什么要观察这个幼儿，及其在活动中的行为表现，这个幼儿经历了什么样的学习过程，重点介绍你在活动中观察幼儿的方法。

任务单 S2.3.1

我在综合主题活动中的观察故事

我观察这个幼儿的目的：

这个幼儿在活动中的表现：

我观察这个幼儿的方法：

讲述人：

2. 在相互讲述的过程中，请你总结出如何在综合主题活动中进行有目的的观察。

任务单 S2.3.2

3. 你也可以举例说明自己在综合主题活动中是如何观察幼儿的，自己观察幼儿的不足之处，以及下次希望重点改进的三个方面。

任务单 S2.3.3

我的思考与改进：

1.

2.

3.

（二）活动 3.2：课堂观摩

1. 观察目的

（1）重点观察 1 名幼儿在综合主题活动中经历了什么样的学习过程。

（2）观察带班教师在幼儿学习过程中进行了什么样的支持，对幼儿有什么样的影响。

2. 观摩前的准备工作

（1）经验准备

教师掌握有目的的观察应该是什么样的、有哪些特征、有目的的观察经由哪些基本步骤。

教师掌握综合主题活动观察的目标、重点和难点，在观摩中的注意事项等内容。

（2）物质准备

课堂观摩工具；手机、相机等拍摄工具。

3. 观摩过程中需要使用的工具

任务单 S2.3.4

在综合主题活动中进行有目的的观察表

活动名称：_____	活动对象：_____	带班教师：_____
观察维度	观察的具体事项	是（√）/否（×）
1. 活动目标达成了吗？	目标 1 达成了吗？	（　　）
	目标 2 达成了吗？	（　　）
	目标 3 达成了吗？	（　　）
	目标 4 达成了吗？	（　　）
2. 教师是如何支持幼儿的？	产生兴趣阶段：	教师支持策略
	主动体验阶段：	
	深度探究阶段：	
	分享合作阶段：	
	联想创意阶段：	
3. 表现较好的幼儿有哪些典型行为表现？		
4. 表现较差的幼儿有哪些典型行为表现？		
5. 你可以如何调整与改进？	（1） （2） （3） （4） （5）	

（三）活动3.3：案例分析

1. 案例呈现

请扫码阅读综合主题活动"我是花木兰"观察记录，并完成下方任务单。

综合主题活动"我是花木兰"观察记录

2. 案例分析

（1）你能描述一下案例中张老师的观察目的吗？

任务单 S2.3.5
观察目的：

（2）张老师使用了怎样的观察记录方法，你能分析一下吗？

任务单 S2.3.6
观察记录方法：

（3）你认为张老师观察到的内容是什么？你能从幼儿典型行为的角度描述一下吗？

任务单 S2.3.7
观察的内容：

（4）请你根据自身经验，设计一个在综合主题活动中进行有目的的观察的方案。

任务单 S2.3.8

四、在早期阅读活动中设计和实施有目的的观察活动

（一）活动 4.1：讲故事

活动内容：请你回顾自己班的幼儿或者选择一个你身边比较有代表性的幼儿，为大家讲述一下你是如何在早期阅读活动中有目的的观察幼儿的故事。

怎样进行活动：

1. 你可以和同事讲，也可以和一起参与培训或研修的小组成员讲。故事应描述出你为什么要观察这个幼儿，及其在活动中的行为表现，这个幼儿经历了什么样的学习过程，重点介绍你在活动中观察幼儿的方法。

任务单 S2.4.1

我在早期阅读活动中的观察故事

我观察这个幼儿的目的：

这个幼儿在活动中的表现：

我观察这个幼儿的方法：

讲述人：

2. 在相互讲述的过程中，请你总结出如何在早期阅读活动中进行有目的的观察。

任务单 S2.4.2

---

3. 你也可以举例说明自己在早期阅读活动中是如何观察幼儿的，自己观察幼儿的不足之处，以及下次希望重点改进的三个方面。

任务单 S2.4.3

我的思考与改进：

1.

2.

3.

（二）活动 4.2：课堂观摩

1. 观摩目的

（1）重点观察 1 名幼儿在早期阅读活动中经历了什么样的学习过程。

（2）观察带班教师在幼儿学习过程中进行了什么样的支持，对幼儿有什么样的影响。

2. 观摩前的准备工作

（1）经验准备

教师掌握幼儿有目的的观察应该是什么样的、有哪些特征、有目的的观察经由哪些基本步骤。

教师掌握早期阅读活动观察的目标、重点和难点，在观摩中的注意事项等内容。

（2）物质准备

课堂观摩工具；手机、相机等拍摄工具。

3. 观摩过程中需要使用的工具

任务单 S2.4.4

<table>
<tr><td colspan="6" align="center">在早期阅读活动中进行有目的的观察表</td></tr>
<tr><td>观察时间：</td><td colspan="2">观察地点：</td><td colspan="3">观察者：</td></tr>
<tr><td>观察对象：</td><td colspan="2">班级：</td><td colspan="3">带班教师：</td></tr>
<tr><td>图画书的名称及简介</td><td colspan="5"></td></tr>
<tr><td>活动过程</td><td colspan="3">幼儿学习过程中的行为描述</td><td colspan="2">教师支持幼儿学习过程的行为描述</td></tr>
<tr><td>听一听环节</td><td colspan="3"></td><td colspan="2"></td></tr>
<tr><td>想一想环节</td><td colspan="3"></td><td colspan="2"></td></tr>
<tr><td>说一说环节</td><td colspan="3"></td><td colspan="2"></td></tr>
<tr><td>用一用环节</td><td colspan="3"></td><td colspan="2"></td></tr>
<tr><td rowspan="2">观察反思</td><td colspan="3" align="center">我认为值得学习的地方</td><td colspan="2" align="center">我认为可以改进的地方</td></tr>
<tr><td colspan="3">1.

2.

3.</td><td colspan="2">1.

2.

3.</td></tr>
</table>

（三）活动 4.3：案例分析

1. 案例呈现

观察对象	欣欣	年龄	4 岁	性别	女
观察者	赵老师	观察时间	4月2日	观察地点	图书区
观察目的	为什么孩子只看这几本书？				
观察实录	欣欣在阅读区自主阅读图画书《好朋友》《刷牙》，她一直在反复看这两本书。我走过去拿起一本《菲菲生气了》轻声阅读起来，欣欣问："你看的什么呀？"我指着书名告诉她："这本书的名字叫《菲菲生气了》。""那我们能一起看吗？"她问。"当然可以"，我说，"那我继续读？""嗯，好的。"她凑近我说。 　　我们一起阅读完这本书后，我跟她说："你在看什么？你能给我讲讲吗？""可以。"她仰着头说，于是开始给我讲《刷牙》这本书。她一边手指着汉字，一边读着，其中有不认识的字就会停下来，问我："这个念什么？"，我告诉她正确的发音，她就会继续读。读完全本之后，我问她："欣欣平时是怎么刷牙的呢？""就像这样，妈妈拿着牙刷帮我一点一点地刷。"她一边演示一边说。"那用牙刷刷完之后是怎么漱口的呢？"我又问，她说："就像这样，咕嘟咕嘟。"我肯定她说："特别棒，跟小熊一样呢！"她笑着。随后，我指着《好朋友》和《刷牙》问她："欣欣，你为什么一直只看两本呢？"她说："因为我们家也有小熊宝宝系列的书，不过都是给小宝宝看的了，我要留给妹妹看。" 　　我笑着肯定她并说："你觉得我刚才读的那本好看吗？要不要再试试看别的书？"她想了想："嗯，好。"于是拿起《菲菲生气了》开始尝试阅读。 （北京市大兴区第十一幼儿园，赵叡君）

2. 案例分析

（1）你能描述一下案例中赵老师的观察目的吗？

任务单 S2.4.5

观察目的：

（2）赵老师使用了怎样的观察记录方法，你能分析一下吗？

任务单 S2.4.6

观察记录方法：

（3）你认为赵老师观察到的内容是什么？你能从幼儿典型行为的角度描述一下吗？

任务单 S2.4.7
观察的内容：

（4）请你根据自身经验，设计一个在区域游戏活动中进行有目的观察的方案。

任务单 S2.4.8

【我来写一写】

回顾自己设计得比较满意的一次观察活动，并反思自己是如何进行观察的，观察的目的是什么，观察的方法是什么，观察到的幼儿行为表现和教师支持策略是什么样的，以及这次观察的意义和作用。

活动类型	☐ 一日生活活动　　☐ 综合主题活动 ☐ 区域游戏活动　　☐ 早期阅读活动	
观察目的		
观察方法	☐ 时间取样法　　☐ 连续记录法 ☐ 事件取样法　　☐ 行为检核法 ☐ 轶事记录法　　☐ 等级评定法	
观察内容	幼儿在学习过程的典型行为表现	教师在幼儿学习过程中的支持策略
观察的意义和作用		

【我来练一练】

请您根据自己对有目的的观察的理解，进一步完善自己在幼儿园进行有目的观察的方案（可以是在一日生活活动、区域游戏活动、综合主题活动、早期阅读活动中的有目的的观察方案）。

第三节　反思自身是否能够设计实施有目的的观察活动

【我来写一写】

1. 你所知道的观察计划包含哪些内容？

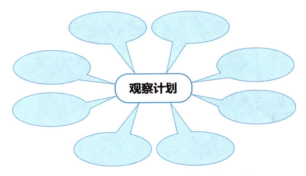

2. 你所知道的幼儿观察指标体系有哪些？请写出 3 个。

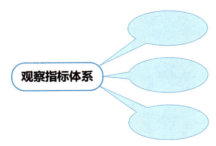

3. 请写出你使用过的观察方法。

（1）_____　（2）_____

（3）_____　（4）_____

（5）_____　（6）_____

（7）_____　（8）_____

（9）_____　（10）_____

一、反思教师是否理解有目的的观察

在学习了本章内容后，请以小组为单位或与身边一同学习的伙伴围绕以下要点展开讨论并进行记录。

任务单 F2.1.1

讨论要点	反思记录
1. 关于有目的的观察的内涵，你印象最深的三点是什么？	1. 2. 3.
2. 有目的的观察包括哪些要素？	
3. 观察计划包括哪些内容？	1. 2. 3. 4. 5. 6. 7. 8.
4. 观察方法的类型有哪些？请列出五种	1. 2. 3. 4. 5.

续表

讨论要点	反思记录
5. 请选择一种观察方法，思考一下它的实施程序	观察方法： 实施程序：

二、反思教师是否设计实施有目的的观察

（一）反思是否在一日生活活动中设计实施有目的的观察

在学习了关于如何在一日生活活动中设计实施有目的的观察，请以小组为单位或与身边一同学习的伙伴围绕以下要点展开讨论并进行记录。

任务单 F2.2.1

讨论要点	反思记录
1. 你觉得在一日生活活动中观察幼儿的目的是什么？请写出三点	1. 2. 3.
2. 你觉得在一日生活活动中重点观察幼儿的内容是什么？请写出三点	1. 2. 3.
3. 你觉得在一日生活活动中便于使用的观察记录方法是什么？请写出原因	1. 2. 3.
4. 你觉得在一日生活活动中观察的困难是什么？	1. 2.

（二）反思是否在区域游戏活动中设计实施有目的的观察

在学习了关于如何在区域游戏活动中设计实施有目的的观察后，请以小组为单位或与身边一同学习的伙伴围绕以下要点展开讨论并进行记录。

任务单 F2.2.2

讨论要点	反思记录
1. 你觉得在区域游戏活动中观察幼儿的目的是什么？请写出三点	1. 2. 3.
2. 你觉得在区域游戏活动中重点观察幼儿的内容是什么？请写出三点	1. 2. 3.
3. 你觉得在区域游戏活动中便于使用的观察记录方法是什么？请写出原因	1. 2. 3.
4. 你觉得在区域游戏活动中观察的困难是什么？	1. 2.

（三）反思是否在综合主题活动中设计实施有目的的观察

在学习了关于如何在综合主题活动中设计实施有目的的观察后，请以小组为单位或与身边一同学习的伙伴围绕以下要点展开讨论并进行记录。

任务单 F2.2.3

讨论要点	反思记录
1. 你觉得在综合主题活动中观察幼儿的目的是什么？请写出三点	1. 2. 3.

续表

讨论要点	反思记录
2. 你觉得在综合主题活动中重点观察幼儿的内容是什么？请写出三点	1. 2. 3.
3. 你觉得在综合主题活动中便于使用的观察记录方法是什么？请写出原因	1. 2. 3.
4. 你觉得在综合主题活动中观察的困难是什么？	1. 2.

（四）反思是否在早期阅读活动中设计实施有目的的观察

在学习了关于如何在早期阅读活动中设计实施有目的的观察以后，请以小组为单位或与身边一同学习的伙伴围绕以下要点展开讨论并进行记录。

任务单 F2.2.4

讨论要点	反思记录
1. 你觉得在早期阅读活动中观察幼儿的目的是什么？请写出三点	1. 2. 3.
2. 你觉得在早期阅读活动中重点观察幼儿的内容是什么？请写出三点	1. 2. 3.

续表

讨论要点	反思记录
3. 你觉得在早期阅读活动中便于使用的观察记录方法是什么？请写出原因	1. 2. 3.
4. 你觉得在早期阅读活动中观察的困难是什么？	1. 2.

【我来写一写】

1. 你所知道的观察计划包含哪些内容？

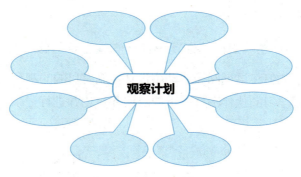

观察计划

2. 你所知道的幼儿观察指标体系有哪些？请写出 3 个。

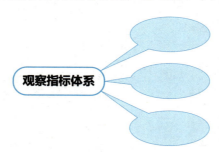

观察指标体系

3. 请写出你使用过的观察方法。

（1）_____　（2）_____

（3）_____　（4）_____

（5）_____　（6）_____

（7）_____　　（8）_____
（9）_____　　（10）_____

【我来练一练】

根据本章所学，进一步完善自己的有目的的观察计划（可以是在一日生活活动、区域游戏活动、综合主题活动、早期阅读活动的观察计划），并加以实施，完成观察记录。

【选一选】

在学习本章内容之后，请你再次思考以下问题，在认为最符合自己情况的方框内画√。你发现自己的进步了吗？

项目	不符合	基本不符合	一般	基本符合	非常符合
1.我了解日常观察和教师专业观察的区别					
2.我了解开展有目的的观察的内涵					
3.我了解观察目的和观察内容的关系					
4.我了解制订观察计划的依据					
5.我了解观察计划都包括哪些内容					
6.我能掌握3种及以上常用的观察方法					
7.我了解什么样的观察记录是好的观察记录					
8.我知道对观察记录的分析都要分析哪些内容					
9.我知道观察时要观察的内容是什么					
10.我了解观察内容的要点					

【我走到了这里】

亲爱的老师，我们本章的学习结束了。学习本章内容之后，请你再次思考以下问题，在认为最符合自己情况的方框内画√，看一看你走到了哪里。

水平	你最像下面哪一种?	自评
四	能根据现实需要灵活使用随机观察和有目的的观察；能根据观察目的设计有效的观察活动；能根据观察目的制定合理可行的观察计划；制定观察计划时能对观察目标、对象、时间、内容、方法、步骤等进行系统详细的设计与安排；对常用观察方法的使用方式、适用范围等有清晰地认识和把握；能根据需要熟练地选取适宜的方法和工具进行观察；能在一日生活各环节中搜集与记录幼儿的典型行为表现，并对幼儿的发展变化有比较准确清晰地判断；能在一日生活各环节中及时捕捉幼儿的典型行为表现，并进行重点观察和记录	
三	认识到随机观察和有目的的观察都是幼儿园教师重要的观察方式，但有时不清楚两者的使用时机（或适用范围）；一般情况下，能设计一些观察活动；能围绕观察目的制定观察计划；能在观察前事先对观察对象、时间、地点、内容、方法和步骤等进行大致的设计和安排；认识与掌握基本的观察方法，如时间取样法、事件取样法和行为检核法等；能根据观察目的的不同，选取不同的观察方法，也会设计相应的观察工具，但有时所选用的方法和工具不一定最为适宜；能较清楚的在一日生活各环节的观察中搜集与记录幼儿的典型行为表现，并对幼儿的发展变化进行简要的判断；能在一日生活各环节中捕捉到幼儿的一些典型行为表现	
二	在幼儿园多数情况下使用随机观察来观察幼儿的行为表现，当幼儿行为出现明显变化或教育教学活动出现突出问题时会进行有目的的观察；有时为了深入了解教育教学问题产生的原因或幼儿行为明显变化的原因，会有意识地设计观察活动；为了解决问题才会事先制定观察计划，但有时计划不能很好地达成解决问题的目的；能在观察前事先对观察对象、时间、地点、内容、方法和步骤等进行比较简单的设计和安排；认识几种简单常用的观察方法，如白描法、轶事记录法、行为检核法等；在进行观察时，固定使用一种观察方法或根据要求使用某种观察方法进行观察；能着重搜集和记录某一领域幼儿的典型行为表现，并只对这个领域幼儿的现有水平进行关注；能在某一活动中或特殊要求下对幼儿某一领域的典型行为表现进行重点观察和记录	
一	认为随机观察是最便捷、有效的观察方式；能在看护幼儿的同时对幼儿的行为进行随机观察，观察记录大多都是基于随机观察形成的，这些观察记录都是零散且只进行一次的；进行随机的观察，而不是事先制定观察计划，一般是在完成观察后提取出观察目的；不限定观察对象、时间、地点、内容、方法和步骤等；认为观察就是全面地描述记录幼儿的行为；只使用描述记录一种方法；认为观察就是把随机选择的幼儿在活动中的所有行为表现，以"流水账"（或事无巨细）的形式记录下来；能把零散的观察都记录下来，但对活动中什么时候进行观察以及重点观察什么认识模糊	

【拓展阅读】

侯素雯，林建华. 幼儿行为观察与指导这样做 [M]. 上海：华东师范大学出版社，2014.

该书的特色是主张以《3～6岁儿童学习与发展指南》为参照观察和了解幼儿。内容分为理论篇和实践篇：理论篇围绕三个关键词——"行为观察""行为解释""行为指导"展开，旨在让教师进一步了解观察的意义，初步掌握观察、解释、指导幼儿行为的具体方法；实践篇以《指南》为分析框架，分别介绍在健康、语言、社会、科学、艺术等领域具体开展幼儿行为观察与指导的策略。

观察结果的分析

第三章

学习本章内容后，你将能够更好地：
了解分析观察结果的价值和重要性，及
其内涵和目的；
知道分析观察结果的原则；
掌握分析观察结果的方法和步骤。

【我从这里出发】

亲爱的老师，我们即将开启本章内容的学习。在学习本章内容之前，请你先思考以下问题，并在最符合自己情况的方框内画√，看一看你将从哪里出发。

水平	你最像下面哪一种?	自评
四	能始终根据观察目的和内容分析观察结果；能将领域发展目标与幼儿典型行为、幼儿年龄特征与个体差异、教育教学策略的适宜性等多个方面结合起来综合考虑，对观察结果进行全面分析与准确判断	
三	能根据观察目的和内容分析观察结果；能从领域发展目标与幼儿典型行为、幼儿年龄特征与个体差异或教育教学策略的适宜性等多个方面，分别对观察结果进行分析与简要判断	
二	能有意识地结合观察目的和内容进行分析，但会加入自己的主观认识或判断；当幼儿行为出现明显变化或教育教学活动出现突出问题时，能从领域发展目标与幼儿典型行为、幼儿年龄特征与个体差异或教育教学策略的适宜性的某一方面对观察结果进行分析	
一	主观地分析观察结果，而脱离观察目的和内容；不清楚应从哪些方面对观察结果进行分析	

【想一想】

观察记录：小班区域游戏活动时间，团团和果果分别在玩舀珠子，他们每个人的盘子里都有10颗珠子，两人分别用小勺子将盘子里的珠子舀起来，并将舀起来的珠子倒进瓶子里，果果还会同时把两颗珠子一起舀起来放。一会儿，他们两个开始了舀珠子比赛。比赛开始，两个人连忙开始舀珠子，团团不小心把一颗珠子掉在了桌子上，他赶忙用手把珠子捡了起来，然后丢进了矿泉水瓶里，果果看到后连忙说："团团你不对，不能直接用手拿珠子的。"团团点了点头，又继续开始比赛，之后珠子又掉了出来，团团把掉下的珠子捡起来放回盘子里，然后再用勺子把它舀进瓶子里。比赛结束，果果先把自己盘子里的珠子都舀完了，团团就差几颗，他说："我们再比一次，我肯定比你快。"然后两人把瓶子里的珠子倒回盘子里，又开始了新一轮的比赛。

教师分析：从这次观察中我发现团团和果果的手部精细动作发展还是比较好的，在舀珠子的过程中，果果还会同时舀两颗珠子一起放，对小班幼儿来说，果果手部精细动作发展得很好。在团团用手把珠子放进瓶子里时，果果能够及时提醒他不能用手拿珠子，说明她对比赛规则是清楚的。团团也能够听取果果的意见，遵守比赛规则。

请你基于上述案例思考以下三个问题：

（1）你是否认同教师对幼儿行为观察结果的分析？为什么？

（2）你平时是怎样开展幼儿行为观察结果分析的？

（3）你在分析观察结果时遇到了什么难题？

【选一选】

在学习本章内容之前，请你先思考以下问题，在认为最符合自己情况的方框内画√。

项目	不符合	基本不符合	一般	基本符合	非常符合
1.我知道分析幼儿行为观察结果的价值					
2.我了解分析观察结果的基本原则					
3.我知道如何分析观察结果					
4.我能够根据幼儿表现出的行为客观地分析					
5.我能够结合观察目的和内容分析幼儿行为					
6.我能够根据幼儿的年龄特点分析幼儿的行为					

续表

项目	不符合	基本不符合	一般	基本符合	非常符合
7. 我能够结合幼儿的个体差异分析幼儿行为					
8. 我清楚应该如何找准幼儿的最近发展区					
9. 我能够准确地分析幼儿的行为					
10. 我能够反思自己的教学策略对幼儿的影响					

第一节　如何对观察结果进行有意义的分析

【我来写一写】

1. 下面关于观察结果分析的描述，你认为哪些是正确的？请在正确描述后面的圆圈内画√。

观察结果分析应遵循客观性、全面性、准确性、发展性原则。　○

对观察结果的分析主要依靠教师对幼儿的已有了解。　○

通过一定的步骤分析观察结果可以提高教师分析的准确性。　○

分析观察结果主要依靠教师的临场智慧。　○

2. 一般而言，分析观察结果主要依据哪些原则？请选出来，在旁边画√。

目的性　客观性　全面性　准确性　发展性　随意性

3. 下面哪些是分析观察结果时需要做的工作？请圈出来。

准备和整理观察结果　分析观察目的和内容　结合幼儿年龄特征分析

结合个体差异分析　分析自身教育教学策略　找准最近发展区

一、分析观察结果的内涵与目的

（一）分析观察结果的内涵

观察记录的价值"并不是展示某一行为的全部过程，还在于教师对幼儿活动过程的解释，使记录最终成为教师和幼儿进一步获得学习和发展的平台"[①]，因此幼儿园教师记录下幼儿做了什么、说了什么只是观察过程的第一步。接下来，教师就要思考收集来的证据意味着什么，这就需要利用自身关于儿童学习与发展的知识、幼儿个人经历、幼儿语言使用方式以及对幼儿生活有重要影响的风俗习惯和价值观等方面的知识，作出分析和判断。

与日常观察相比，教师需要对观察结果进行理性分析，才能从观察结果中理解儿童、获得意义。日常观察常以观察者的个人经验理解生活中的事件与现象，而教师的观察作为专业观察，并不是对教育情境中的幼儿进行"照镜子"式的观察，而是作为主体的教师面临教育情境的一种能动的建构过程，"观察不是像画地图一样画下整个世界的客观的社会现实，而是要把观察看作一个过程，根植于具体和当地情景的共同建构的过程、一个转换。"[②]

·观察记录并不是目的，而是一种手段。除了观察记录，幼儿园教师需要尝试分析、解释或说明行为观察的结果。

·分析意味着超越客观描述而对幼儿行为观察的结果赋予意义，努力挖掘幼儿行为或事件背后的原因，使客观描述更有意义。

·如果缺乏观察和分析，教师只是看到幼儿的动作、表情，但并不能读懂这些动作和表情的意义，也就谈不上对幼儿的理解。

（二）分析观察结果的目的

分析幼儿行为的观察结果最重要的目的是理解幼儿，并能诠释幼儿行为的意义，在此基础上幼儿园教师才能对幼儿产生积极有效的教育影响。理解不是一种复制的行为，而是一种创造性的行为，是创造意义的过程。在理解幼儿的过程中，一方面由于观察是在实践中检验理论知识的重要工具，教师可以验证先前依赖的儿童学习与发展理论是否能够有助于解释幼儿的行为；另一方面，如果先前依赖的儿童学习与发展理论不能解释幼儿的具体行为，那么教师可以基于对幼儿的观察了解，用自己的"儿童知识"形成个人的"实践性理论"。由于每个幼儿都是具体的、独特的、复杂的，所以幼儿的学习与发展存在着独特性、复杂性与多样性，这一特点

[①] 傅小芳. 反思当前的学前教育评价：从瑞吉欧教育体系中的记录说起 [J]. 学前课程研究，2008（3）：17-19.

[②] KVALE S. Psychology and postmodernism [M]. London: Sage Publications, 1992.

形成了教师观察和研究幼儿的前提，教师通过幼儿行为研究发现每个幼儿的独特性，并创造自身的儿童知识和实践性理论。

总之，教师需要对幼儿的所言所行充满探究之心，对幼儿行为进行意义建构，从而负责任地作出教育决定。

二、分析观察结果的四个基本原则

分析观察结果主要依据四个基本原则：客观性原则、全面性原则、准确性原则、发展性原则。

（一）客观性原则

客观性是指对观察结果的分析要以事实为依据，基于观察到的幼儿行为表现进行分析，避免先入为主、带入偏见。因此，首先教师的观察记录必须是客观的，才能为分析幼儿行为提供真实有效的证据。但是，当前许多观察记录会给幼儿贴"标签"，比如"某某是个内向的孩子""某某是个聪明的孩子"，实际上这种记录就不是客观的，其分析结果也就无法做到客观，因为教师在分析之前就已经给幼儿下了定论，而并非根据幼儿在活动过程中的具体行为表现分析得出。

案例 3-1

观察对象：悠悠（4 岁 5 个月）

今天晨会时，悠悠表现很差，不注意听讲，从头到尾都坐不住，还总在挑逗旁边的小朋友，我实在没有办法，只好让她坐在我腿上

悠悠在晨会时间上下跳动，一次只能坐稳大约 1 分钟，然后又跳起来、站起来或者走开。坐着时，他拍打旁边的孩子并与他讲话，我坐到悠悠旁边问他是否愿意坐在我腿上，他同意了。他靠着我，听我讲完故事，大约 5 分钟

在案例 3-1 中，左侧观察记录中的许多词汇并不是客观描述性的，如很差、从头到尾、挑逗。因不同的人对"很差"有不同的理解，所以用在这里是带有判断意味的，是不妥的。"从头到尾"是个概括性很强的词汇，用来描述幼儿很不合适。"挑逗"也有多种解释，可能是指悠悠与旁边的幼儿轻声说话，也可能是抓别人、靠在别人身上、踢别人，等等。最后一句"我实在没办法，只好让他坐在我腿上"，表达出教师的无奈情绪，悠悠在教师的帮助下终于安静下来。这样的观察记录缺乏

客观性，呈现出一种被教师主观评价后的幼儿悠悠，而不是真实的悠悠。

悠悠的真实表现是怎样的呢？右侧观察记录客观地描述了悠悠在晨会时的行为。我们看到，悠悠刚开始有些坐不住，他上下跳动、坐不住、跟旁边的幼儿讲话，但在教师的引导下，他还是坐在教师腿上听完了故事。实际上，晨会前几分钟悠悠表现得注意力不集中、坐不住可能是因为他并未想好或并未找到自己想要做的事情，需要教师更多地支持和帮助，那么，这就意味着教师可能需要更多了解悠悠感兴趣的活动，并引导他进行活动计划。这样的观察记录才是有价值的，因为它能让教师了解幼儿真实的发展水平和需要，能让教师知道接下来应该如何行动。

事实上，幼儿的"内向""聪明""调皮"等特点应该基于多次的、充分的、全面的观察和分析得来，成人很难通过一次观察就能得出幼儿"内向""聪明""调皮"的结论。如果教师一开始就给幼儿下定论、"贴标签"，带着先入为主的认识甚至偏见，那么后面的分析实际上就偏离了客观性这一基本原则，教师就不可能发现真实的幼儿。因此，在分析观察结果时，教师一定要以幼儿在具体活动中的具体行为表现作为事实依据。

（二）全面性原则

全面性原则是指教师应将领域发展目标与幼儿典型行为表现、幼儿年龄特点与个体差异、教育教学策略的适宜性等多个方面结合起来综合考虑，对观察结果进行全面分析与准确判断。PCK 理论框架可以成为分析幼儿行为的多维视角。

首先，教师在分析幼儿行为时应该联系各个领域的发展目标与幼儿的典型行为表现，尽可能地从中窥见幼儿发展的全貌。由于儿童的发展具有整体性，幼儿在活动中的行为表现不止可以从一个领域加以分析，教师应该全面地考虑幼儿发展的情况。例如，一名幼儿喜欢在表演区扮演《西游记》中的孙悟空，她会和其他幼儿一起模仿孙悟空和师弟猪八戒之间的对话，模仿师兄二人一起打妖怪等游戏情节，还会假装像孙悟空一样舞金箍棒，在分析她的行为时，教师既可以从语言发展角度进行分析，也可以了解这个幼儿的社会交往、艺术表现等方面的能力。

其次，教师在分析幼儿行为时应该结合幼儿的年龄特点和个体差异。基于儿童发展规律和特征，每个幼儿都会遵循相同的发展序列，表现出相应年龄段幼儿的典型特征，但由于身心发展、家庭背景等方面的影响，幼儿又会在身体发育、认知发展、学习风格等方面表现出明显的个体差异，这些都应成为分析幼儿行为时予以考虑的重要方面。

最后，幼儿在活动中的行为表现会受到教师教育教学策略的直接影响，教师创设的学习环境、提供的活动材料、与幼儿的互动行为等都会影响幼儿的一言一行。因此，教育教学策略的适宜性也应成为分析幼儿行为的重要维度。

总之，教师在分析幼儿行为时可以从各个领域的发展目标和核心经验、儿童发展规律和特征、教师的教育教学策略等多维视角全面分析行为产生的原因，综合判断每个幼儿的发展情况。

> **案例 3-2**
>
> 　　大班区域活动时，超超、成成和雯雯都选择玩拼图，成成和雯雯合作玩蘑菇拼图，超超则独自玩耍。成成和雯雯拼得很快，拼好后跑来看超超，雯雯问："你拼的是什么？"超超低头没有理会。雯雯接着说："你拼的和我们拼的不一样。"超超仍低头不语。成成便用手动了动拼图，拼图因此挪动了位置。超超马上一脸不高兴，把拼图重重地扔在地上，一边踢脚蹬腿，一边高声哭喊着："都是你动……动坏了，你动的！"

在案例 3-2 中，幼儿的表现较多地涉及社会领域。如果我们没有全面理解和掌握社会领域的整体，很可能会把分析重点放在超超身上，有可能认为超超在这次交往中很被动，不仅不理会小朋友的主动交流，而且还不满他们动拼图的行为，出现摔东西、踢脚蹬腿等破坏性行为。超超的表现说明他没有或不愿意理解他人的交往意愿；没有理解他人的行为；遇到问题，不能较好地管理自己的情绪，反应过激，交往语言欠缺，没有利用语言与同伴沟通，以表达自己的想法。

然而，如果我们从幼儿的整体来看，对超超进行一个比较全面的分析，就会有客观而积极的评价。例如，超超的注意力非常集中，雯雯两次说话都没有理会，专心做自己的事情，这是一种很好的学习品质。在社会领域中的人际交往的目标3"具有自尊、自信、自主的表现"中有"自己的事情自己做，不会的愿意学"的典型表现，而在社会适应子领域的目标 2"遵守基本的行为规范"有一个典型表现是"能认真负责地完成自己所接受的任务"，可见超超正在做自己的事情，正在努力地完成自己的任务，最终因受到不断地干扰而动怒。

再来看雯雯和成成的行为，虽然想主动帮助别人，但采取的行为方式是否恰当？尤其是成成在没有得到允许的情况下就动超超的拼图，这样的行为同样值得关注。

通过案例 3-2 我们可以知道，对幼儿的分析要有全面多维的视角，否则就可能以偏概全，误解幼儿的行为意图，忽视幼儿的真实发展水平。

（三）准确性原则

观察渗透理论认为，"纯粹的观察材料并不能表达因果联系，由于所有的语言（观察语言）都处在同一个逻辑层次上，所以其中没有任何一种语言具有足够的说服力可以在因果叙述中发挥作用"。为此，"原因和结果的联结一定是理论使然的，只有依赖理论模式，隐匿在'原因 X'和'结果 Y'背后的概念才是可以理解的。"[1] 从这个意义上，幼儿园教师在理论指导下才能透过现象看本质，透过幼儿行为理解其内部心理，观察结果的解释才成为可能。例如，持有行为主义理论的教师会将儿童的行为解释为是正强化（奖赏）或负强化（惩罚）的结果；持有认知发展理论的教师一般会结合 3～6 岁儿童学习与发展的基本规律和特点对其行为的适宜性作出推论；持有社会文化建构理论的教师则强调依据来自关系的信任亲密、多元主体的信息共享、过程中的观察与移情来分析读懂每个幼儿的行为，而幼儿的年龄特点作为文化工具，仅作为一种参考得到有限地应用。

案例 3-3

时间	3 月 9 日	地点	教室	班级	小一班
实录	今天午睡起床后，我发现小志的鞋子穿反了，我说："小志，你的鞋子穿反了，快换过来吧。"小志回到自己的小椅子前面坐下，把两只鞋子一起脱了下来，在那儿比画了半天，可穿到脚上的却还是反着的				
分析	由于现在的孩子多数是独生子女，爸爸妈妈忙于工作，爷爷奶奶溺爱孩子，在家样样事情都包办代替，至于衣服怎么穿，鞋子的反正都是大人的事情，所以导致他们的自理能力较差				

在案例 3-3 中，教师对幼儿行为的分析不够准确。在"分析"部分，教师将幼儿穿反鞋的原因笼统地分析为"家长过度包办"，这是教师在分析幼儿生活习惯与生活能力问题时的常见做法，但并没有针对小志的具体行为进行分析：这个幼儿是否各方面的自理能力都较弱？是不是所有幼儿的自理能力都较弱？

如果从小班幼儿学习与发展特点分析，幼儿穿反鞋的原因可能还与其在科学领域的关键经验——"观察与比较能力"以及"区分左右"的发展水平有关。案例 3-3 中的小志虽然努力"比画了半天"，对两只鞋进行了观察，但还不能发现鞋子的明显区别，所以穿到脚上的鞋子还是反着的。由于分析得过于笼统、不够准确，教师也就不能给出有针对性地指导。

（四）发展性原则

"最近发展区"理论认为儿童的发展有两种水平：一种是儿童的现有水平，指独立活动时所能达到的解决问题的水平；另一种是儿童可能的发展水平，也就是通过教学所获得的潜力。两者之间的差距就是儿童的最近发展区。

基于"最近发展区"理论，教师分析观察结果就是为了努力找准幼儿的最近发

---

[1]　汉森．发现的模式 [M]．邢新力，周沛，译．北京：中国国际广播出版社，1988：3.

展区，既要从幼儿的行为中分析判断出幼儿现有的发展水平，也要从幼儿行为中分析推理出幼儿可能的发展水平，从而找准幼儿的最近发展区，为教师接下来制订教育教学计划、合理安排幼儿活动提供合理的依据。

三、分析观察结果的六个步骤

幼儿园教师对幼儿行为分析、判断可以有多种方式：一是基于对相同年龄、相同发展阶段、处于相同任务情境中其他儿童的了解作出判断，这是一种正式的分析类型，需要教师具备儿童发展的知识。二是基于对这一指定儿童的知识，需要教师具备对这一个儿童的深入了解，这来自教师的观察以及与其互动。这种方式能使教师判断出儿童的进步，教师通常会想"这个孩子进步了吗？"，是一种形成性的分析和判断。三是基于预先确定好的学习结果或目标对儿童作出分析和判断，例如"能够灵活地使用剪刀"，以此为目标，教师需要观察儿童是否产生了这种行为，然后标记在检核表中，这是一种结果导向的评价方式。[①]

（一）整理幼儿行为观察记录

在分析观察结果时，教师首先要对幼儿行为观察记录的结果加以整理，形成一份比较全面、完整的资料。比如，如果是对幼儿典型行为或事件的轶事记录，那么教师需要补齐事件发生的背景、发生过程和结果；如果是对幼儿一段时间的连续追踪记录，那么教师需要对这些连续发展的事件按照时间顺序进行清晰地整理，当信息不够充分时，可能需要再次观察或从家长处收集相关的信息，这样才能保证分析的科学性。如果观察记录本身不完整、信息不全面，教师就很难对幼儿作出准确地分析和评价。

（二）结合观察目的分析

在分析观察结果时，教师应结合预先设定的观察目的进行分析。因为观察目的指向了教师要观察什么和完成什么，是观察的全部意图。比如，教师意图通过观察了解某个幼儿的精细动作发展情况，由于受到目的的驱使，教师选择了该幼儿在手工区玩串珠子、使用筷子等活动中的行为表现，分析幼儿的精细动作发展情况，这样教师就将观察目的转化成了具体、可操作的观察内容。

实际上，教师开展观察的过程和方法都是受到了目的的驱使。那么，在分析观察结果时，教师也应结合观察目的和观察内容加以分析，这样才能回答在观察目的

---

① SMIDT S. Observing, assessing and planning for children in the early years[M]. London: Routledge, 2005: 9–17.

中提出的问题。

（三）结合不同年龄段幼儿各领域发展目标和典型行为分析

教师在分析时，应该将观察结果与目标年龄群体各领域的发展目标和典型行为表现相比较。为了做出合理的比较，必须采用大家公认的信息来源，一个直接好用的依据就是《3～6岁儿童学习与发展指南》。教师可以把观察到的某个幼儿的行为和《指南》中相应年龄段幼儿在特定领域的典型行为表现联系起来，作出分析和判断。当然，教师也可以把观察到的某个幼儿的行为与班级中同一年龄段的其他幼儿进行比较，但这种比较的目的不是排名或分出发展高下，而是更准确地了解该幼儿的发展情况。

案例 3-4

实录一	最近，孩子们聊天的话题总是和陀螺有关，于是我提出一个小任务：看看谁能用班级中的玩具材料自己制作一个陀螺？第一个成功的小朋友使用磁力棒制作了一个陀螺，他的成功一下子引发了自制陀螺的热潮，大家开始自发地进行了自制陀螺旋转比赛。孩子们正在专注地进行自制陀螺旋转比赛，但陀螺总是不断发生碰撞。有的孩子说："要离得远一点发射才行。"
分析一	我对照《指南》社会领域的发展目标进行分析后发现：班里的孩子懂得自己主动协商、沟通，有了建立规则的能力。为了更好地进行游戏，班里的孩子产生了建立规则的需要
实录二	于是，我和幼儿一起讨论制订规则来解决这个问题。最终，我们在比赛场地设置了陀螺发射点。通过自制陀螺旋转比赛，孩子们发现有的陀螺旋转时间长，有的陀螺旋转时间短，有人猜测小陀螺转得时间长，于是孩子们讨论起来
分析二	结合《指南》科学领域的发展目标和典型行为，我发现孩子们已经在游戏中发现了不同的陀螺旋转的时间不一样，并且有了一些自己的猜测和讨论。但还需要进一步用一些简单的方法进行调查，验证猜测。在随后的活动中，我和孩子们进行了讨论，一起制订了实验计划：使用同样材质、不同大小的陀螺；使用不同材质、相同大小的陀螺；把陀螺放在不同光滑程度的地面上；等等。我们一起研究了影响陀螺旋转时长的因素

（北京市大兴区第二幼儿园，贾婷）

在案例3-4中，教师联系《指南》对班里幼儿进行了分析判断，并基于分析判断采取了进一步支持幼儿发展的行动。在"分析一"中，教师联系《指南》社会领域第一个子领域人际交往中的"目标2　能与同伴友好相处"中关于5～6岁的典型行为有"与同伴发生冲突时能自己协商解决"，发现目前班里幼儿的正处于懂得自己主动协商、沟通，有了建立规则的意识的阶段，他们产生了建立规则的需

要，为了满足幼儿的发展需要，教师则和幼儿一起讨论制订什么样的规则来解决这个问题，最终在比赛场地设置了陀螺发射点。在"分析二"中，教师联系《指南》科学领域第一个子领域科学探究的"目标2　具有初步的探究能力"中关于5—6岁的典型行为有"能用一定的方法验证自己猜测；在成人的帮助下能制订简单的调查计划并执行"。发现目前班里的幼儿在游戏中也发现不同的陀螺旋转时间不一，并也有一些自己的猜测和讨论，他们需要进一步用一些简单的方法进行调查并验证猜测，因此教师便和幼儿一起制订计划，研究影响陀螺旋转时长的因素。

（四）结合幼儿的个体差异分析

尽管我们认为所有幼儿在总体上都遵循共同的发展序列，表现出每个年龄段的典型发展特征，但是幼儿的个体差异同样不容忽视。

幼儿之间的学习与发展速度存在着差异，并且每个幼儿的不同发展领域也存在着发展速度差异，幼儿遵循个人的时间和模式进行发展，在气质、性格、学习风格以及能力方面存在着差异，他们都拥有自己的特长、需求及兴趣。不仅如此，幼儿的家庭因素（如家庭社会经济地位、家庭教育方式、亲子关系、家庭结构等）、社区生活环境和地域文化背景也会直接影响其个体发展情况。鉴于幼儿之间的个体差异，教师需要通过对幼儿进行观察，与幼儿交谈，与家长交流或家访等方式尽可能充分地了解每个幼儿的情况，熟悉幼儿个体差异的表现，如特长、兴趣、偏好、性格、学习方式、知识、能力等。

案例 3-5

实录	幼儿来园已有一周时间了，大部分幼儿在游戏过程中能与同伴之间有简单的交流，并一块游戏。而苏苏每次游戏的时候，拿着玩具也不玩，就那么安静得坐着，眼睛看着远方，即使身边的小朋友玩得再热闹仿佛也与她无关
分析与支持	苏苏与同伴之间没有交流，能遵守规则但不能积极参与到活动中，家园联系沟通后得知，父母平时工作忙回家之后很少与苏苏沟通，家中还有一个上小学的姐姐，平常也很少与苏苏沟通，最多的交流是玩玩具时的几句话。于是，我引导家长在家与苏苏多沟通交流，分享在园的趣事。还在班里创设平等、宽松、和谐的交往环境，给苏苏一个愉快、自由的合作空间。同时提供更多的可以和同伴一起游戏的活动材料，为苏苏与其他幼儿的共同游戏创造机会

在案例 3-5 中，教师结合了幼儿的家庭因素进行了对观察结果的分析，从而解释了幼儿不爱说话的原因，也为接下来选择适宜的教育教学策略提供了依据。

（五）结合教师的教育教学策略分析

幼儿在活动中的行为表现会受到教师教育教学策略的直接影响，教师创设的学习环境、提供的活动材料、指导方式、师幼互动的质量等都会影响幼儿的一言一行，因此，这些因素也应成为分析幼儿行为表现的重要维度。

在案例 3-6 中，教师就结合自己对幼儿的指导（通过同伴支持帮助幼儿解决了串珠散落的问题），以及幼儿相应的行为表现进行的分析。

案例 3-6

实录	一天上午，我无意中发现硕硕在活动区进行穿珠子游戏，他将筐里所有的蓝色珠子都放到了桌子上，穿绳放在筐里，然后一个一个地穿，尽管穿珠的速度有些慢，但基本能准确地穿进去，穿了几个之后，他把绳子拿起来，发现绳子的另一端没有系上，刚才穿的珠子都掉进了筐里。于是，他把所有掉进去的蓝色珠子又重新捡了出来，继续穿。我看到这种情况，并没有打断他，而是把筐里其他已经穿好的珠子打开，倒进筐里，我发现这一操作并没有打断他，他依旧认真地穿着。不一会儿，活动区时间结束了，他没有穿完就收了玩具。当天下午在进行活动区时，我发现他又在进行穿珠子游戏，拿的还是昨天没有穿完的蓝色串珠，他将蓝色的串珠挑出来放在桌子上，认认真真地穿着，直到将桌子上所有的蓝色串珠穿完。完成后，他把这串珠子拿起来时一下子全散了，他抬头看着我并没有说话。我说："硕硕，怎么了？"他依旧不说话，而是拿起绳子看了看，把蓝色的珠子拣出来重新穿，直到活动区结束，他穿完了，但问题依旧没有解决。 　　活动区讲评时，我向大家讲述了硕硕在活动区发生的问题，想请其他小朋友帮忙解决。有的小朋友发现了问题，说："老师，硕硕的绳子没系上。"我说："你真棒，那你能帮帮他吗？""好的"，这名小朋友帮助硕硕把绳子的一端系上了。我对硕硕说："硕硕，小朋友帮你解决了问题，下次你可以再试一试。" 　　第二天，我发现硕硕又在进行穿珠子游戏，拿的还是昨天没有穿完的蓝色串珠，他将蓝色的串珠挑出来放在桌子上，直到将桌子上所有的蓝色串珠穿完，这次穿好的珠子没有散落。 　　第三天，硕硕又一次进行了穿珠子游戏，这一次他很自信地进行游戏，在穿完之后露出了满意的笑容
分析	通过观察幼儿的状态与行为，我发现幼儿对串珠玩具能够保持专注，整个活动区游戏时间大约有 25 分钟，他一直在玩一个玩具，并且非常认真。但硕硕的精细动作发展还有待促进。在穿珠时，他拿起一个串珠动作非常慢地才能穿进去，在拿、握上也稍稍有些欠缺。此外，他也没有意识到珠子为什么会洒落，观察能力和解决问题的能力也有待提升。我在硕硕发生问题的时候没有急于介入，而是尝试让他感受串珠洒落的过程，让硕硕去思考为什么串珠会散落。但硕硕自己在游戏中并没有解决这个问题，于是我在活动区小结时请全班小朋友来讨论并想办法，帮助幼儿解决问题，硕硕也由此获得了新经验

（六）结合幼儿发展阶段确定最近发展区

分析观察结果的目的是读懂幼儿，发现幼儿的成长，了解幼儿的需要，最终找到幼儿的最近发展区，明确幼儿的发展方向，从而实现"以学定教"。

案例 3-7

实录	一组的丽丽走上台来，一边用手指着画卷上他们组完成的区域，一边开心地面向全体幼儿说道："大家好，这块是我们一组做的，这是在打仗的花木兰，我们用橡皮泥先给她做了头发，之后做了脸，最后做了衣服，还有她骑的大马。谢谢大家。"说完便回到了自己的座位上
分析	丽丽在分享合作环节表现出的学习行为处于中等偏上水平。 　　面对丽丽的行为表现，为支架丽丽的进一步学习与发展，教师可以使用氛围营造策略、成果拆分策略、经验唤醒策略来支持幼儿在上升到高一级的水平。 　　具体指导策略如下：首先，教师可以尝试在丽丽主动分享完制作过程之后，"哇，看你的花木兰，太酷了，还有马儿！"带动全班幼儿为丽丽鼓掌。其次，教师可以尝试蹲在丽丽身边，微笑着说："丽丽，你能向大家介绍一下你们组制作的外出打仗的花木兰由哪几部分组成的吗？"（教师边说要边用手依次指向一组做的花木兰）。最后，教师要期待着看向丽丽，并说道："丽丽，你记不记得你们组在完成外出打仗的花木兰时克服了哪些困难？"

例如，在案例 3-7 中，教师重点观察了丽丽在"分享合作"环节的表现：丽丽走到全班面前，一边用手指着画卷上他们组完成的区域，一边开心地面向全体幼儿说道："大家好，这块是我们一组做的，这是在打仗的花木兰，我们用橡皮泥先给她做了头发，之后做了脸，最后做了衣服，还有她骑的大马，谢谢大家。"说完便回到了自己的座位上。

在分析时，教师结合幼儿学习品质的学习与发展等级水平量表，判断丽丽的行为表现处于水平三——幼儿愿意与同伴、教师进行对话，愿意在全班同学面前发言；幼儿能用一些语言、表情等表达清楚自己的意思。而水平四——幼儿会积极主动地与他人分享自己的想法，乐意在公开场合表达想法；幼儿能用合适的语言、表情、动作等，绘声绘色地表达自己的想法，并且能吸引听众。则是丽丽的潜在发展水平，由此确定了丽丽的最近发展区，为教师促进丽丽在分享合作能力的发展上提供了行动依据。

【我来写一写】

1. 下面关于观察结果分析的描述，你认为哪些是正确的？请在正确描述后面的圆圈内画√。

观察结果分析应遵循客观性、全面性、准确性、发展性原则。　◯

对观察结果的分析主要依靠教师对幼儿的已有了解。　◯

通过一定的步骤分析观察结果可以提高教师分析的准确性。　◯

分析观察结果主要依靠教师的临场智慧。　◯

2. 一般而言，分析观察结果主要依据哪些原则？请选出来，在旁边画√。

目的性　　客观性　　全面性　　准确性　　发展性　　随意性

3. 下面哪些是分析观察结果需要做的工作？请圈出来。

准备和整理观察结果　　分析观察目的和内容　　结合幼儿年龄特征分析

结合个体差异分析　　分析自身教育教学策略　　找准最近发展区

【我来练一练】

找到自己的一份观察记录，看看自己对观察结果是否有分析，是怎样分析的。

第二节　在各项活动中进行观察结果的分析

【我来写一写】

1. 在分析幼儿行为时，应重点分析哪些方面的内容？请在你认为重要的内容后面横线上画√。

幼儿典型行为表现_____　　观察目的_____　　年龄特征_____

幼儿发展目标_____　　个体差异_____　　教师指导策略_____

2. 你会如何分析这一幼儿行为观察结果？

在大班区域活动时，一名幼儿把磁力棒设计成了大、中、小三个陀螺，他先用一个小磁力棒吸住迅速旋转的大陀螺，发现吸不起来，然后他把磁力棒换了一下方向，用另一头吸大陀螺，发现还是吸不起来；他又用磁力棒去吸中号陀螺，发现吸起来了，接着用中号陀螺去吸小号陀螺，发现小陀螺也被吸起来了。他重新尝试去吸引大陀螺，发现还是吸不起来。他看着两个叠在一起迅速旋转，露出了笑脸。

我会这样分析：

一、对一日生活活动的观察结果进行分析

（一）活动 1.1：讲故事

活动内容：请你回顾并为大家讲述一下你是如何在一日生活活动中分析观察结果的故事。

怎样进行活动：

1. 你可以和同事讲，也可以和一起参与培训或研修的小组成员讲。故事应描述出你在一日生活活动中对某个或某些幼儿的观察，并重点介绍你是如何分析观察结果的。

任务单 S3.1.1
我的观察分析故事
我的观察：
我的分析：
讲述人：

2.在相互讲述的过程中，请你总结出如何对一日生活活动的观察结果进行有意义分析。

任务单 S3.1.2

我 的 总 结

3.你也可以举例说明自己在一日生活活动中是如何分析观察结果的，自己分析幼儿的不足之处，以及下次希望重点改进的三个方面。

任务单 S3.1.3

我的思考与改进：

1.

2.

3.

（二）活动 1.2：课堂观摩

1.观摩目的

（1）重点观察 1～2 名幼儿在一日生活活动中某个环节的行为表现。

（2）研讨如何分析一日生活活动中的幼儿行为观察结果。

2.观摩前的准备工作

（1）经验准备

教师掌握分析观察结果应该是什么样的、有哪些特征、包括哪些基本步骤。

教师掌握一日生活活动观察分析的目标、重点和难点，在观摩中的注意事项等内容。

（2）物质准备

课堂观摩工具；手机、相机等拍摄工具。

3. 观摩过程中需要使用的工具

任务单 S3.1.4

一日生活活动观察分析表		
观察时间：	观察地点：	观察者：
观察对象：	班级：	带班教师：
观察目的：		

我观察的一日生活活动的环节	☐ 入园 ☐ 饮水 ☐ 盥洗 ☐ 进餐 ☐ 如厕 ☐ 午睡 ☐ 整理 ☐ 户外活动 ☐ 离园

我观察到幼儿有这样的行为表现：

我观察到教师是这样支持了幼儿的学习过程：

我觉得可以学习的地方：

1.

2.

3.

续表

我觉得可以改进的地方：

1.

2.

3.

4. 注意事项

· 教师可以进行有重点、有节点的观察和记录某个生活活动环节。

· 教师在观察过程中不应干扰幼儿的学习。

（三）活动 1.3：案例分析

1. 案例呈现 [①]

> 观察对象：天天（中班）
>
> 观察时间：12 月 2 日 11:20—11:40
>
> 观察目的：观察并分析幼儿进餐环节中的说话行为
>
> 观察实录：天天取完餐盘后，坐在小椅子上，并没有拿勺子吃饭，而是将头偏向一侧，开始和旁边的小朋友说话："你爱吃虾吗？今天的虾有点小，我家里做的虾比这个大多了！"旁边的幼儿不理他，拿着筷子夹起虾。但天天仍然不停地和旁边的幼儿讨论这个问题。忽然，天天离开座位，对老师说要去厕所小便。如厕后，他一蹦一跳地回到座位上，开始吃饭，刚吃了两口，又开始和另一侧的小朋友说话了。
>
> 观察分析：从观察中可以看出，天天在进餐环节同周围幼儿说话，他的这种行为表现主要是因为天天是这学期刚刚从其他幼儿园转来的，以前的幼儿园教师没有这方面要求，因此他觉得在进餐环节想说什么就可以说什么。此外，天天对同伴的习惯、特点有强烈的好奇心，寻求主动交往，想以此获得同伴的认可。

[①] 于冬青，柳剑. 轶事记录法运用中的问题及运用策略研究 [J]. 幼儿教育（教育科学），2010（5）：22–24.

教育措施：通过个别教育，我会帮助天天尽快学会遵守班级规则；在晨间活动及区域游戏活动中，增强天天的规则意识；与天天家长取得联系，交流他在园中的情况，争取家长的配合，如建议家长在家庭生活中帮助天天养成良好的进餐习惯。

2. 案例分析

（1）案例中的教师对这名幼儿的分析是否客观？为什么？

任务单 S3.1.5

（2）案例中的教师对幼儿的分析是从哪些方面进行分析的？是否全面？

任务单 S3.1.6

（3）你觉得案例中的教师对幼儿的分析准确吗？为什么？

任务单 S3.1.7

（4）你觉得案例中的教师对幼儿的分析找到了幼儿的最近发展区吗？为什么？

任务单 S3.1.8

（四）活动 1.4：自主实操

请你根据自身经验，对在一日生活活动中观察到的幼儿行为进行分析。

任务单 S3.1.9

观察对象：

观察时间：

观察目的：

观察实录：

观察分析：

教育措施：

二、对区域游戏活动的观察结果进行分析

（一）活动 2.1：讲故事

活动内容：请你回顾并为大家讲述一下你是如何在区域游戏活动中分析观察结果的故事。

怎样进行活动：

1. 你可以和同事讲，也可以和一起参与培训或研修的小组成员讲。故事应描述出你在区域游戏活动中对某个或某些幼儿的观察结果，并重点介绍你是如何分析观察结果的。

任务单 S3.2.1

我的观察分析故事

我的观察：

我的分析：

讲述人：

---

2. 在相互讲述的过程中，请你总结出如何对区域游戏活动的观察结果进行有意义分析。

任务单 S3.2.2

我 的 总 结

---

3. 你也可以举例说明自己在区域游戏活动中是如何分析观察结果的，自己分析幼儿的不足之处，以及下次希望重点改进的三个方面。

任务单 S3.2.3

我的思考与改进：

1.

2.

3.

（二）活动 2.2：课堂观摩

1. 观摩目的

（1）重点观察 2～3 名幼儿在区域游戏活动中的行为表现。

（2）研讨如何分析区域游戏活动中的幼儿行为观察结果。

2. 观摩前的准备工作

（1）经验准备

教师掌握分析观察结果应该是什么样的、有哪些特征、包括哪些基本步骤。

教师掌握区域游戏活动观察分析的目标、重点和难点，在观摩中的注意事项等内容。

（2）物质准备

课堂观摩工具；手机、相机等拍摄工具。

3. 观摩过程中需要使用的工具

任务单 S3.2.4		
区域游戏活动观察分析表		
观察时间：	观察地点：	观察者：
观察对象：	班级：	带班教师：
观察区域：□美工区　□阅读区　□表演区　□建构区　□益智区　□其他区：＿＿＿＿＿		
活动过程	幼儿学习过程中的行为描述	教师支持幼儿学习过程的行为描述
产生兴趣阶段		
开始操作阶段		
专心致志阶段		
完成活动阶段		
观察分析	我会这样分析孩子的行为 1. 2. 3.	我会这样分析老师的行为 1. 2. 3.

（三）活动 2.3：案例分析

1. 案例呈现

观察时间：2020 年 10 月
观察目的：幼儿的交往能力
观察对象：欣欣
观察实录：

“咱们演什么呀？”欣欣向大家问道。

月月和端端说道：“龟兔赛跑。”

糖糖和欣欣说道：“蝴蝶蝴蝶。”

双方又大声地喊出自己想表演的节目名称。

欣欣看着对面说：“你们不会跳吧！”

月月：“我会跳。”

端端：“我就不会跳。”

欣欣听到这句连忙拉过月月：“好，月月，加入我们，一比三，所以只能跳蝴蝶。”

端端：“那我不会跳。”

欣欣：“那你就当观众！”

于是他们三个人欢快地跳起来，留端端一个人在后面生闷气。

欣欣上前问道：“你怎么啦？”

端端叉着腰、噘着嘴：“我不会跳，就不能表演吗？”

欣欣：“行啦，别生气了，我们教你吧！”

欣欣和月月将端端拉到镜子前：“你学我们。”

之后两个人一直教端端一个边扭胯边蹲下的动作，但是端端怎么都学不会。

欣欣便去改放音乐：“换成《秋天真美丽》吧，这个咱都会跳！”

音乐响起，四个人整齐地跳舞，露出来满意的笑容。

观察分析：

孩子们到了中班积累了许多处理问题的经验，我能在其中看到孩子们语言、交往等多方面能力的发展情况。在整个表演区游戏中不难看出，欣欣起着主导性的作用。她首先组织同伴们表达自己的意愿，当意见不同时还能抓住机会“拉票”，有理有据地说：“一比三，所以只能跳蝴蝶。”随后面对伙伴的不悦，她也能不断调整方法：从请她当观众到教她跳，再到退一步选取大家都擅长的节目。整个过程我看到欣欣社会交往能力发展得很好：主动面对问题、设法达成目标；能够调整方法，解决问题；能够关注他人的情绪，选择适当的方法解决问题。

（北京市丰台区青塔第二幼儿园，单新月）

2. 案例分析

（1）案例中的教师对这名幼儿的分析是否客观？

任务单 S3.2.5

（2）案例中的教师对幼儿的分析是从哪些方面进行分析的？是否全面？

任务单 S3.2.6

（3）你觉得案例中的教师对幼儿的分析准确吗？为什么？

任务单 S3.2.7

（4）你觉得案例中的教师对幼儿的分析找到了幼儿的最近发展区吗？为什么？

任务单 S3.2.8

（四）活动 2.4：自主实操

请你根据自身经验，对在区域游戏活动中观察到的幼儿行为进行分析。

任务单 S3.2.9
观察对象： 观察时间： 观察目的： 观察实录：   观察分析：   教育措施：

三、对综合主题活动的观察结果进行分析

（一）活动 3.1：讲故事

活动内容：请你回顾并为大家讲述一下，你是如何在综合主题活动中分析观察结果的故事。

怎样进行活动：

1. 你可以和同事讲，也可以和一起参与培训或研修的小组成员讲。故事应描述出你在综合主题活动中对某个或某些幼儿的观察，并重点介绍你是如何分析观察结果的。

任务单 S3.3.1

我的观察分析故事

我的观察：

我的分析：

讲述人：

2. 在相互讲述的过程中，请你总结出如何对生活活动的观察结果进行有意义分析。

任务单 S3.3.2

我 的 总 结

3. 你也可以举例说明自己在综合主题活动中是如何分析观察结果的，自己分析幼儿的不足之处，以及下次希望重点改进的三个方面。

任务单 S3.3.3

我的思考与改进：

1.

2.

3.

（二）活动 3.2：课堂观摩

1. 观摩目的

（1）重点观察 2～3 名幼儿在综合主题活动中的行为表现。

（2）研讨如何分析综合主题活动中的幼儿行为观察结果。

2. 观摩前的准备工作

（1）经验准备

教师掌握分析观察结果应该是什么样的、有哪些特征、包括哪些基本步骤。

教师掌握综合主题活动观察分析的目标、重点和难点，在观摩中的注意事项等内容。

（2）物质准备

课堂观摩工具；手机、相机等拍摄工具。

3. 观摩过程中需要使用的工具

任务单 S3.3.4

<table>
<tr><td colspan="3" align="center">综合主题活动观察分析表</td></tr>
<tr><td>活动主题</td><td colspan="2"></td></tr>
<tr><td>观察对象</td><td colspan="2"></td></tr>
<tr><td>观察目的</td><td colspan="2"></td></tr>
<tr><td>观察重点</td><td colspan="2"></td></tr>
<tr><td>教师的活动准备</td><td colspan="2"></td></tr>
<tr><td>活动过程</td><td>幼儿典型行为表现</td><td>教师支持策略</td></tr>
<tr><td>产生兴趣阶段</td><td></td><td></td></tr>
<tr><td>主动体验阶段</td><td></td><td></td></tr>
<tr><td>深度探究阶段</td><td></td><td></td></tr>
</table>

续表

活动过程	幼儿典型行为表现	教师支持策略
分享合作阶段		
联想创意阶段		
我是这样分析幼儿行为的		我是这样分析教师行为的

（三）活动 3.3：案例分析

1. 案例呈现

综合主题活动"我是花木兰"的幼儿行为分析

张老师主要对深度探究环节 4 名幼儿在学习品质——集中注意力方面的行为表现进行了分析。

程程：程程一边翻阅图画书，一边看着其他小朋友捏超轻黏土，笑着说："你捏的是什么呀？你可以用绿色的超轻黏土……"

豆豆：豆豆一边轻轻地翻阅图画书，一边看着卷轴，眼睛在图画书和卷轴之间来回不断地打量着。程程画好了一把宝剑，激动地对他说："豆豆，你快看我的宝剑！"豆豆盯着程程画的宝剑说："你的宝剑上还有图案呢！"老师问："豆豆，你做的是什么呀？"他回答道："老师，我还没有做好呢"。之后继续拿着超轻黏土操作了起来。

飞飞：飞飞身体前倾、眉头紧皱，眼睛在图画书和卷轴之间来回不断地打量着，旁边的幼儿拿着制好的披风在他身边高呼并跑了起来，他看了看旁边的幼儿，笑了笑，继续拿着超轻黏土操作了起来。

正正：正正一边轻轻地翻阅图画书，一边看着卷轴，皱着眉头，眼睛在图画书和卷轴之间来回不断地打量着，小声念叨着"黑色的铠甲……"。旁边幼儿问他："你做的头盔是什么样的？"正正没有回答，眼睛盯着图画书，左手

幼儿发展
评价表
（节选）

翻阅图画书，右手拿起黑色铠甲的拼贴纸，突然停止了翻阅图画书并开心地笑了，他拿着黑色铠甲和红色披风操作了起来。

教师根据自制的幼儿发展评价表，分别判断了四名幼儿的发展水平，即程程在水平一、豆豆在水平二、飞飞处于水平三、正正处于水平四，同时也就找到了每个幼儿的最近发展区。

2. 案例分析

（1）张老师对这些幼儿的分析是否客观？

任务单 S3.3.5

（2）张老师对幼儿的分析是从哪些方面进行分析的？是否全面？

任务单 S3.3.6

（3）你觉得张老师对幼儿的分析准确吗？为什么？

任务单 S3.3.7

（4）你觉得张老师对幼儿的分析找到了幼儿的最近发展区吗？为什么？

任务单 S3.3.8

（四）活动 3.4：自主实操

请你根据自身经验，对在综合主题活动中观察到的幼儿行为进行分析。

任务单 S3.3.9

观察对象：

观察时间：

观察目的：

观察实录：

观察分析：

教育措施：

四、对早期阅读活动的观察结果进行分析

（一）活动 4.1：讲故事

活动内容： 请你回顾并为大家讲述一下你是如何在早期阅读活动中分析观察结果的故事。

怎样进行活动：

1. 你可以和同事讲，也可以和一起参与培训或研修的小组成员讲。故事应描述出你在早期阅读活动中对某个或某些幼儿的观察，并重点介绍你是如何分析观察结果的。

任务单 S3.4.1

我的观察分析故事

我的观察：

我的分析：

讲述人：

2. 在相互讲述的过程中，请你总结出如何对早期阅读活动的观察结果进行有意义分析。

任务单 S3.4.2

我 的 总 结

3. 你也可以举例说明自己在早期阅读活动中是如何分析观察结果的，自己分析幼儿的不足之处，以及下次希望重点改进的三个方面。

任务单 S3.4.3

我的思考与改进：

1.

2.

3.

（二）活动 4.2：课堂观摩

1. 观察目的

（1）重点观察 2～3 名幼儿在早期阅读活动中的行为表现。

（2）研讨如何分析早期阅读活动中的幼儿行为观察结果。

2. 观摩前的准备工作

（1）经验准备

教师掌握分析观察结果应该是什么样的、有哪些特征、包括哪些基本步骤。

教师掌握早期阅读活动观察分析的目标、重点和难点，在观摩中的注意事项等内容。

（2）物质准备

课堂观摩工具；手机、相机等拍摄工具。

3. 观摩过程中需要使用的工具

任务单 S3.4.4

<table>
<tr><td colspan="4" align="center">早期阅读活动观察分析表</td></tr>
<tr><td>观察时间：</td><td>观察地点：</td><td colspan="2">观察者：</td></tr>
<tr><td>观察对象：</td><td>班级：</td><td colspan="2">带班教师：</td></tr>
<tr><td>图画书的名称及简介</td><td colspan="3"></td></tr>
<tr><td>活动过程</td><td colspan="2">我观察到幼儿的典型行为</td><td>我观察到教师的支持行为</td></tr>
<tr><td>听一听环节</td><td colspan="2"></td><td></td></tr>
<tr><td>想一想环节</td><td colspan="2"></td><td></td></tr>
<tr><td>说一说环节</td><td colspan="2"></td><td></td></tr>
<tr><td>用一用环节</td><td colspan="2"></td><td></td></tr>
<tr><td>分析观察结果</td><td colspan="3">我这样分析幼儿的行为表现：</td></tr>
</table>

（三）活动 4.3：案例分析

1. 案例呈现

请扫码阅读早期阅读活动观察记录，并完成以下任务。

早期阅读活动观察记录

2. 案例分析

（1）案例中的教师对这名幼儿的分析是否客观？

任务单 S3.4.5

（2）案例中的教师对幼儿的分析是从哪些方面进行分析的？是否全面？

任务单 S3.4.6

（3）你觉得案例中的教师对幼儿的分析准确吗？为什么？

任务单 S3.4.7

（4）你觉得案例中的教师对幼儿的分析找到了幼儿的最近发展区吗？为什么？

任务单 S3.4.8

（四）活动 4.4：自主实操

请你根据自身经验，对在早期阅读活动中观察到的幼儿行为进行分析。

任务单 S3.4.9

观察对象：

观察时间：

观察目的：

观察实录：

观察分析：

教育措施：

【我来写一写】

1. 在分析幼儿行为时，应重点分析哪些方面的内容？请在你认为重要的内容后面横线上画√。

幼儿典型行为表现＿＿＿＿　　观察目的＿＿＿＿　　年龄特征＿＿＿＿

幼儿发展目标＿＿＿＿　　个体差异＿＿＿＿　　教师指导策略＿＿＿＿

2. 你会如何分析这一幼儿行为观察结果？

在大班区域活动时，一名幼儿把磁力棒设计成了大、中、小三个陀螺，他先用一个小磁力棒吸住迅速旋转的大陀螺，发现吸不起来，然后他把磁力棒换了一下方向，用另一头吸大陀螺，发现还是吸不起来；他又用磁力棒去吸中号陀螺，发现吸起来了，接着用中号陀螺去吸小号陀螺，发现小陀螺也被吸起来了。他重新尝试去吸引大陀螺，发现还是吸不起来。他看着两个叠在一起迅速旋转，露出了笑脸。

我会这样分析：

【我来练一练】

按照分析观察结果的六个步骤分析 1 名幼儿在区域活动中的行为表现，写 1 篇观察分析。

第三节　反思自身是否能够对观察结果进行有意义的分析

【我来写一写】

1. 你所知道的分析观察结果的原则有哪些？请写出 4 个。

2. 填一填：请列出分析观察结果的六个步骤。

一、反思是否理解对观察结果的有意义分析

（一）反思并完善自己分析观察结果的内涵与价值

在学习了本章内容后，请以小组为单位或与身边一同学习的伙伴围绕以下要点展开讨论并进行记录。

任务单 F3.1.1	
讨论要点	反思记录
1. 关于分析观察结果，你印象最深的一点是什么？为什么？	
2. 为什么要分析观察结果？至少写出三点	

请基于曾经分析过的幼儿行为观察结果，具体写一写分析观察结果的价值和意义。

任务单 F3.1.2	
你的观察分析案例	分析观察结果的价值和意义
案例 1	1. 2. 3.
案例 2	1. 2. 3.

（二）反思并完善自己对分析观察结果的四个基本原则的理解

学习了本章内容后，请以小组为单位或与身边一同学习的伙伴围绕以下要点展开讨论并进行记录。

任务单 F3.1.3

讨论要点	反思记录
1. 关于分析观察结果的四个基本原则，你印象最深的哪一个或哪几个？为什么？	1. 2. 3.
2. 你认为分析观察结果的基本原则还应有什么？请列出并解释说明	1. 2. 3.

尝试找出自己之前的观察行为和观察记录（可以是第一章完成的观察记录），反思自己是否对观察结果进行了分析，是如何分析的，是否体现了四个基本原则。

任务单 F3.1.4

反思记录
1. 我的观察记录是怎样的？
2. 我分析观察结果了吗？我是如何分析的？
3. 我对观察结果的分析是否体现了四个基本原则？ （1）客观性原则 （2）全面性原则 （3）准确性原则 （4）发展性原则

（三）反思并完善自己对分析观察结果的六个步骤的理解

基于所学知识，对自己之前完成的观察结果按照六个步骤进行再分析，反思分析观察结果的六个步骤的作用。

任务单 F3.1.5	
我的观察记录（可粘贴在这里）	
我原来的分析：	再分析： 1. 整理幼儿行为观察记录 2. 结合观察目的和内容分析 3. 结合不同年龄幼儿领域发展目标和典型行为分析 4. 结合幼儿个体差异分析 5. 结合教育教学策略分析 6. 寻找幼儿最近发展区

二、反思是否实践对观察结果的有意义分析

（一）反思是否对一日生活活动的观察结果进行了有意义分析

在学习了关于如何在一日生活活动中分析观察结果后，请以小组为单位或与身边一同学习的伙伴围绕以下要点展开讨论并进行记录。

任务单 F3.2.1

讨论要点	反思记录
1. 你觉得在一日生活活动中分析观察结果有哪些有效策略？请写出三点	1. 2. 3.
2. 你觉得在一日生活活动中分析观察结果有什么特点？请写出三点	1. 2. 3.
3. 你觉得在一日生活活动中分析观察结果的困难是什么？	1. 2.

（二）反思是否对区域游戏活动的观察结果进行了有意义分析

在学习了关于如何在区域游戏活动中分析观察结果后，请以小组为单位或与身边一同学习的伙伴围绕以下要点展开讨论并进行记录。

任务单 F3.2.2

讨论要点	反思记录
1. 你觉得在区域游戏活动中分析观察结果有哪些有效策略？请写出三点	1. 2. 3.
2. 你觉得在区域游戏活动中分析观察结果有什么特点？请写出三点	1. 2. 3.
3. 你觉得在区域游戏活动中分析观察结果的困难是什么？	1. 2.

（三）反思是否对综合主题活动的观察结果进行了有意义分析

在学习了关于如何在综合主题活动中分析观察结果后，请以小组为单位或与身边一同学习的伙伴围绕以下要点展开讨论并进行记录。

任务单 F3.2.3

讨论要点	反思记录
1. 你觉得在综合主题活动中分析观察结果有哪些有效策略？请写出三点	1. 2. 3.
2. 你觉得在综合主题活动中分析观察结果有什么特点？请写出三点	1. 2. 3.
3. 你觉得在综合主题活动中分析观察结果的困难是什么？	1. 2.

（四）反思是否对早期阅读活动的观察结果进行了有意义分析

在学习了关于如何在早期阅读活动中分析观察结果后，请以小组为单位或与身边一同学习的伙伴围绕以下要点展开讨论并进行记录。

任务单 F3.2.4

讨论要点	反思记录
1. 你觉得在早期阅读活动中分析观察结果有哪些有效策略？请写出三点	1. 2. 3.
2. 你觉得在早期阅读活动中分析观察结果有什么特点？请写出三点	1. 2. 3.

续表

讨论要点	反思记录
3. 你觉得在早期阅读活动中分析观察结果的困难是什么？	1. 2.

【我来写一写】

1. 你所知道的分析观察结果的原则有哪些？请写出 4 个。

2. 请列出分析观察结果的基本步骤。

【我来练一练】

　　观察 1 名幼儿在任一活动情境中的行为表现，并撰写 1 份幼儿行为观察分析报告。

∥【选一选】

在学习本章内容之后，请你再次回顾以下问题，在认为最符合自己情况的方框内画√。你发现自己的进步了吗？

项目	不符合	基本不符合	一般	基本符合	非常符合
1. 我知道分析幼儿行为观察结果的价值					
2. 我了解分析观察结果的基本原则					
3. 我知道如何分析观察结果					
4. 我能够根据幼儿表现出的行为客观地分析					
5. 我能够结合观察目的和内容分析幼儿行为					
6. 我能够根据幼儿的年龄特点分析幼儿的行为					
7. 我能够结合幼儿的个体差异分析幼儿行为					
8. 我清楚应该如何找准幼儿的最近发展区					
9. 我能够准确地分析幼儿的行为					
10. 我能够反思自己的教学策略对幼儿的影响					

∥【我走到了这里】

亲爱的老师，我们本章的学习结束了。学习本章内容之后，请你再次思考以下问题，在认为最符合自己情况的方框内画√，看一看你走到了哪里。

水平	你最像下面哪一种?	自评
四	能始终根据观察目的和内容分析观察结果；能将领域发展目标与幼儿典型行为、幼儿年龄特征与个体差异、教育教学策略的适宜性等多个方面结合起来综合考虑，对观察结果进行全面分析与准确判断	
三	能根据观察目的和内容分析观察结果；能从领域发展目标与幼儿典型行为、幼儿年龄特征与个体差异或教育教学策略的适宜性等多个方面，分别对观察结果进行分析与简要判断	
二	能有意识地结合观察目的和内容进行分析，但会加入自己的主观认识或判断；当幼儿行为出现明显变化或教育教学活动出现突出问题时，能从领域发展目标与幼儿典型行为、幼儿年龄特征与个体差异或教育教学策略的适宜性的某一方面对观察结果进行分析	
一	主观地分析观察结果，而脱离观察目的和内容；不清楚应从哪些方面对观察结果进行分析	

【拓展阅读】

本特森.观察儿童：儿童行为观察记录指南[M].于开莲，王银玲，译.北京：人民教育出版社，2009.

该书的基本理念：与随意观看相比，有意义的观察活动要远比用相机拍照复杂得多。相机捕捉图像不受其意义的影响，人的眼睛也捕捉图像，但人的眼睛与大脑相连，能够理解这些图像并赋予其意义。人类具有其他的一些感觉装置，如听觉、嗅觉、触觉和味觉，它们也接收了来自大脑的有意义的感觉信息。因此，观察包括有目的地获取儿童行为中的信息，并给这些信息赋予意义，促进儿童成长、发展和全面幸福。该书旨在帮助读者获得有关的知识和技能，以便观察和记录儿童在日常行为中所展现的信息图像。

观察结果的运用

第四章

学习目标

学习本章内容后，你将能够更好地：
了解运用观察结果的意义和价值；
理解有效运用观察结果的方法与策略。

【我从这里出发】

亲爱的老师，我们即将开启本章内容的学习。在学习本章内容之前，请你先思考以下问题，并在最符合自己情况的方框内画√，看一看你将从哪里出发。

水平	你最像下面哪一种?	自评
四	基于对观察结果的全面分析与准确判断，制订适宜的班级教育教学计划；基于对观察结果的全面分析与准确判断，合理安排幼儿的一日生活	
三	经常利用对观察结果的分析与简要判断，制订适宜的班级教育教学计划；经常利用对观察结果的分析与简要判断，合理安排幼儿的一日生活	
二	会针对幼儿明显的变化或教育教学中存在的问题进行观察和分析，并据此制订班级教育教学计划；会针对幼儿的明显变化或教育教学中存在的问题进行观察和分析，并据此安排幼儿的一日生活	
一	根据自己的主观认识制订和执行教育教学计划；根据自己的主观认识安排本班幼儿的一日生活	

【想一想】

下面是李老师的一份观察记录。

观察目的：解决户外活动争抢玩具的问题。

观察对象：玉涵。

观察记录：幼儿刚刚入园，对幼儿园的大型玩具很感兴趣，到了户外活动时间，小朋友都去抢占玩具，认为占住就只能属于自己玩。今天玉涵第一个抢到玩具，很得意。没过多久，其他小朋友也来玩了，玉涵不同意，哭着喊着，用劲把他们给推了下去。后来，她边玩边回头看，怕有人来玩"她的玩具"。如果有人接近，她就会很生气，用眼睛瞪着他们。

对观察记录的分析：观察情境是刚刚开学的户外活动，因为刚刚入园，所以幼儿对幼儿园的一切都有着自然的好奇，想用自己的感官去接触、体会不同的事物，丰富自己的经验，所以会出现抢占行为。抢到的幼儿就会认为，这个玩具属于"我"了，谁也不能碰。而当有人来争抢时，幼儿的第一反应就是保护自己的物品，这体现了幼儿的物权意识，保护的行为是用直接的动作，在成功保护自己的物品后，又用眼神来显示自己对于物品的所属权。

观察记录的运用：争抢玩具的行为在幼儿园屡见不鲜，且幼儿多用直接的动作来进行争抢，像案例中的玉涵一样，这是幼儿的社会性语言，是语言沟通技巧发展不完善造成的，当出现问题时幼儿不知道怎么与同伴沟通解决问题，教师应该关注到这些问题，不能过度处理，也不能视而不见，应该用温和的言语来引导争抢玩具的幼儿进行有效的沟通，从而解决问题。平时教师也应该注意分享的教育与引导，让孩子们理解分享的意义与作用。

请你基于上述案例思考以下两个问题：

（1）你认为案例中李老师对观察结果的运用合适吗？为什么？

（2）如果你遇到案例中的情况会怎么做？

【选一选】

在学习本章内容之前，请你先思考以下问题，在认为最符合自己情况的方框内画√。

项目	不符合	基本不符合	一般	基本符合	非常符合
1. 我清楚有效运用观察结果对幼儿发展的意义					
2. 我清楚有效运用观察结果对教师发展的意义					
3. 我清楚有效运用观察结果对课程建设的意义					
4. 我能够通过观察结果关注到幼儿的最近发展区并支持幼儿发展					
5. 我能够运用观察结果反思自己的专业化水平					
6. 我能够运用观察结果促进与家长的沟通					

续表

项目	不符合	基本不符合	一般	基本符合	非常符合
7. 我能够有效运用观察结果调整教学计划					
8. 我能够有效运用观察结果安排幼儿的一日生活					

第一节 有效运用观察结果

【我来写一写】

1. 你认为有效运用观察结果有什么意义，请填在下面的空白方框中。

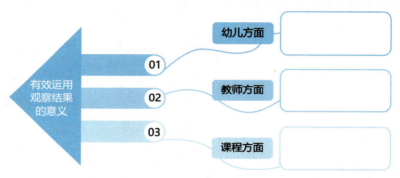

2. 下面关于有效运用观察结果的描述，你认为哪些是正确的？请在正确描述后面的圆圈内画√。

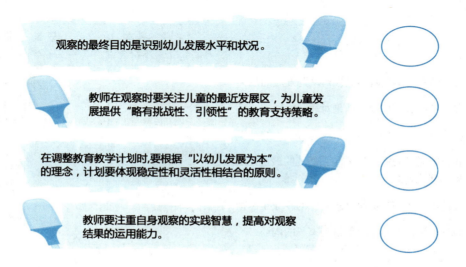

3. 下面关于有效运用观察结果调整和制订教育教学计划的要点的描述，你认为哪些是正确的？请在正确描述的词组旁边画√。

沟通与合作　　　　　　　　　　教师研究　　循序渐进

观察在前、目标在后

动态持续　　　　　　反思改进　　　　　　以幼儿发展为本

生涯规划　　　　　幼儿全面和谐发展　　　　园本教研

因材施教　　　　　　　　　　　针对性

一日生活的组织与保育

环境的创设与利用　　层次性

教育活动的计划与实施

一、运用观察结果的意义

（一）运用观察结果支持幼儿的学习与发展

幼儿行为观察主要有三个目的：一是了解幼儿的行为，因为幼儿的语言及读写能力尚未完善，他们还不能像青少年一样表达自我，但是幼儿的身体行为能很好地反映他们想要表达的事情；二是评估幼儿的发展，即判定幼儿在身体、认知、社会性以及情绪发展等方面的进展情况，而不是考察普遍的行为；三是评价幼儿的学习过程，教师需要通过观察获得幼儿在幼儿园教育中学到了什么或相关学习活动的信息，尤其在了解幼儿个体所使用的学习方式时，观察是一种有效的工具。

研究者曾在探讨幼儿观察和评价问题时指出，教师在观察和评价时要问"为什么""是什么""怎么样""谁"等类似于这样的问题，专家建议教师观察和理解幼儿的每一行为，因为教师通过观察幼儿与环境的互动可以了解幼儿的某些需要和发展水平。教师必须重视观察技能，观察不仅是确定幼儿学习效果的手段，而且也是确定幼儿学习模式与途径的手段。密切而系统的观察可以确定幼儿思维的脉络，确定他们的发展图式和兴趣。[①]

此外，熟练、有效的观察能够帮助教师恰当地判断引发幼儿行为的潜在原因，教师对幼儿行为的误解来源于教师认为幼儿的行为只是由单一原因造成的，然而事实可能会与之相反。

研究表明，幼儿通过他们的眼睛、音质、身体姿势、手势、特殊的习惯、微笑、跳跃、低落的情绪与他人进行交流。他们通过做事情的方法和所做的事情来告

[①]　纳特布朗. 读懂幼儿的思维：幼儿的学习及幼儿教育的作用：第 3 版 [M]. 刘焱，刘丽湘，译. 北京：北京师范大学出版社，2010：157.

诉成人他们的内心想法。当成人透过充满意义的眼神看到他们的行为时，这是一种由内而外的表达，成人应很好地理解他们，记录他们交流的方式，会更加有助于成人对他们的理解。也就是说，幼儿的行为能够反映幼儿的心理状态，观察幼儿的行为能够帮助成人获得关于幼儿的思想、情感的信息和线索。

有研究者认为，观察是有明确的目的、收集和记录观察数据的特殊方法，系统观察和记录幼儿发展的八个理由在于：对幼儿的能力做初步的评估；明确幼儿的优势领域以及有待提高的方面；根据观察需要制订个人计划；对幼儿的进步进行不断的检查；了解更多幼儿在特定领域的发展；解决涉及幼儿的某个具体问题；向父母或健康专家、语言专家和心理健康专家汇报相关情况；为幼儿的档案资料、运用指导和分组搜集资料。

（二）如何基于观察结果支持幼儿的学习与发展

观察的基本目的之一就是加深对幼儿需要的了解与理解，运用观察所得到的信息资料，改善幼儿在学习与发展上的机会和条件，因材施教，提供有效支持。但在日常工作中，教师在思考如何进一步支持幼儿学习与发展时，缺乏关注最近发展区的意识，即教师仅根据幼儿的"现状"运用支持策略。然而，基于幼儿的现阶段水平进行教育支持，"是面向幼儿已经发展了的内容进行教育"，并不能"走在幼儿发展的前面、引领幼儿的发展"。可见，教师应关注到幼儿的最近发展区，为幼儿发展提供"略有挑战性、引领性"的教育支持，观察是教师发现幼儿最近发展区的最基本途径。

第一，教师通过观察可以了解幼儿现在的情绪与感受，也可以理解幼儿情绪、行为背后的意图以及产生的真正原因；通过观察也能更好地了解幼儿已有的知识经验、心理需求以及个体的学习方式，总之，通过观察可以加深教师对幼儿发展阶段的理解。

第二，教师可以运用观察所得到的信息资料分析幼儿当前的发展状况，并向幼儿提供有效的反馈，改善幼儿在学习与发展上的机会和条件，进行因材施教式的有效支持，以缩小当前水平和该年龄段幼儿应达到的预期目标水平之间的差距。

案例 4-1

教师观察记录：喜欢汽车玩具的小虎（小班，区域游戏活动）

观察对象：小虎（男，3岁半）

观察时长：15 分钟

观察记录：在区域游戏时间，小虎先是在书写区翻了翻图书，大概 20 秒后便快步向美工区跑去。到了美工区，小虎也是不一会儿就又跑走了。这回他到了积木区，在积木区他看到其他小朋友在搭城堡，已经快要成型了，他也想加入进去。于是他拿起手边的一块大积木，想去搭城堡的房顶，但是其他小朋友纷纷趴在地上在讨论着什么，他也想说但没有说出来。小虎觉得没意思，就跑去拼图区，在路上不小心把另一个积木小组搭建的帐篷的一角撞散了，但是小虎毫不在意，也没跟搭帐篷的小组道歉就跑了。来到拼图区，小虎在桌边摸摸这个拼图框，摸摸那个拼图片，不一会儿又大步向汽车玩具区跑去。汽车玩具区有各式各样的汽车模型，小虎嘴角露出一丝开心的笑容，只见他拿起一个卡车模型"嗖"的一下就在桌子上滑了起来，还向旁边的小朋友介绍道："这个卡车你知道它厉害的地方在哪里吗？你看它的……"小虎在汽车玩具区玩了10分钟。

小虎从来都不会在教室里走路，他每次起身就是大步跑。

观察记录的分析：小虎在书写区、美工区不一会儿就跑走了，在汽车玩具区停留的时间是最长的，而且在这个区域中不仅自己玩耍，还能积极主动地与其他小朋友分享自己知道的卡车知识，这表明小虎特别喜欢与汽车有关的活动，但是如果小虎长期只在这一个区域游戏的话，很可能会影响到其他方面能力的发展。当小虎想加入积木小组的讨论时候，他不知道应该如何跟小朋友们沟通以加入城堡的搭建，在自己撞到别人的搭建成果时也没有向其他小朋友道歉，这在一定程度上体现出小虎没有表现出适宜的社会交往技能，他不知道怎么与同伴相处，并没有意识到自己的行为对同伴造成的困扰。

观察结果的运用：基于对观察结果的分析，我组织了区域游戏活动"跑得快的车子和跑得慢的车子"，一方面尊重小虎喜欢汽车的兴趣，另一方面帮助小虎探索什么是快、什么是慢，也让小虎从中了解车速太快会带来什么危害，从侧面让小虎知道自己在活动室中跑太快可能会撞伤自己和他人。此外，我还在有桌面活动材料的区域单独辅导小虎进行桌面活动，推动小虎多方面能力的发展。同时，我还采用角色扮演和讲故事的方式，让小虎意识到什么是适宜的社会交往方式，引导他在游戏中发展社会交往能力。

二、运用观察结果的价值

（一）运用观察结果反思和提升教师的专业化水平

观察结果的运用有利于教师进行教学反思和研究，提升自身专业化水平。有研究者认为，观察记录提供了幼儿学习和教师的教学行为，提供了教师反思的具体实例，为理论和实践之间的来回追溯提供了可能性，记录促使教师对幼儿和作为教师的自己进行新的建构，以此改变教育实践并增强对教育实践的控制能力和调整能力。朱家雄教授认为，记录是教师专业成长的有效途径，记录让教师成为认识和理解幼儿学习的主体，使教师获得一种审视幼儿学习的眼光，并进入一种能不断从幼儿的学习中发现和捕捉教育问题的研究境界。他提倡幼儿园教师进行记录，目的不只是关注幼儿，更重要的是给教师采取更为恰当的教育、教学策略和行为提供依据。

观察记录为教师反思提供了第一手资料，是改进教育行为的基础，有效地提高了教师研究的能力，使他们对幼儿的行为和心理有敏锐的观察和感悟，增强了对自身教育实践行为的独立思考能力。此外，记录还提供给家长一个"知"的途径，它可以实质地改变家长的期望，让他们重新审视其家长角色的假设以及对幼儿生活经验的看法，并以一个全新、更具好奇心的方式来看待整个幼儿园的经验。

在教育教学活动中，教师努力去看、去理解正在发生什么以及幼儿能够做什么，在这一过程中教师将观察幼儿作为自己参与研究、改进教学的手段。教师通过反思自己的教育理念和教学行为，提升反思能力；提炼教育策略，形成教学风格，提升教育教学能力。此举同时还有利于教师更加了解幼儿的特点，在富有创造性的工作中获得职业幸福感。

（二）如何运用观察结果提升教师的专业化水平

培养反思型、研究型教师是当前幼儿园教师专业发展的大趋势。教师对观察过程的反思、对完善观察技能的思考是教师完善自我专业技能的重要动力。反思作为对自身意识的觉察，意味着反思并不仅仅是对已经发生的现存事实进行思考，更为重要的是，反思能够对在先具有的、并能够始终支配、伴随行动始终的自身意识进行觉察。

反思的过程包括教师对观察材料的分析，对进一步提升自身观察技能的研究。教育教学活动中教师观察后的反思与进一步研究，能够使自身对已经发生的事实进行思考，督促教师不断完善自身专业知识，以便提高观察技能与水平。

教师要对观察记录的客观性与真实性进行反思。具体来说，教师对观察记录客观性的反思应贯穿其观察和评价指导。教师一方面要考虑进行观察这一举动本身是否影响了儿童的行为方式；另一方面在对幼儿进行观察和记录时，要考虑自身的先前经验是否对观察的真实性产生影响。

此外，教师要注重自身观察的实践智慧，提高对观察结果的运用能力。教师的实践智慧受多方面因素的影响，为了提高自身对观察结果的运用，首先需要教师具有促进自身专业成长的发展意识，在这种积极向上的发展意识驱动下，教师积极关注教育技能并在实践中不断加强对自身教育技能的反思，进而提升自身观察的实践智慧。具体来说，教师在对幼儿的发展状况进行观察和诊断之后，要有反思自身教育教学能力的意识，积极反思基于幼儿现有的发展状况如何支持幼儿达到新的发展水平，并进一步在教育过程中支持幼儿在做中学，促使幼儿从现有水平发展到新的发展水平，这时幼儿新的发展水平即成为新一轮的幼儿现有发展水平，教师在新一轮的教育情境中可以继续思考如何支持幼儿从现有水平迈向更高水平。在这样相互促进的过程中，教师教育教学能力不断改善和提升，幼儿学习也不断进阶发展。

三、有效运用观察结果的方法和策略

（一）基于观察结果制订教育教学计划

观察结果的运用有利于制订和调整教育教学计划，让课程与教学具有童年的趣味。如何使幼儿园课程满足幼儿的需要和兴趣，其中很重要的一点就是教师要观察幼儿、了解幼儿。教师在教育过程中有目的地关注幼儿的谈话、讨论，了解他们的兴趣和需要，关注幼儿是如何学习的，每个幼儿的学习需求和学习方式是怎样的，从中发现有价值的活动线索，从而开展有价值的教育活动。

教师通过观察幼儿，可以从幼儿的行为表现中获取各种丰富的信息，识别幼儿学习与发展的现有水平，首先有助于教师考察设计的课程是否满足幼儿学习与发展需要和评估幼儿学习与发展，以及这有利于教师设计满足幼儿需要、符合幼儿最近发展区的课程。其次，教师经过仔细地观察、追踪幼儿学习发生的过程，才能知道活动室的环境是否适宜幼儿的学习，进而基于对幼儿学习与发展的了解，竭尽所能为幼儿的学习和发展提供重要的环境。最后，教师通过持续、系统的观察和其他正式或非正式的评价方式观察和评价幼儿，在这个过程中教师也能发现并尊重幼儿的独特个性，这有利于教师为其设计适宜的教育目标，继而设计、实施和评价有效的课程。

（二）判断教育教学计划是否适宜

教育教学计划是幼儿园教育工作的重要环节，是教师开展班级日常工作的依据和具体行动的规划，能有效促使教师将培养目标清晰、有目的地落实下来；同时减少教师开展工作时的不确定性，找到工作的方向。

幼儿园课程是幼儿获得各种有益经验的过程。观察结果可以为课程实施、教育教学活动提供参考。一方面，教育教学活动为教师评价幼儿发展提供了具体情境，以幼儿的数学能力发展为例，学前儿童数学能力的评价内容比较丰富，有些方面独立于数学教育活动之外，只能在具体的情境中才能充分发挥出来；另一方面，在活动中幼儿的学习行为会与五大领域发展相联系，从而使幼儿获得新的经验。通过观察，教师在幼儿的活动情境中，需要根据幼儿实际发展情况为幼儿提供新经验获得的途径，有计划地促进幼儿发展。

在看到以下这些迹象后，幼儿园教师就可以知道活动设计是合适的：

·幼儿的眼睛明亮而有光，在参加活动时，他们面带微笑且充满热情；

·幼儿参加活动的时间持续了很久；

·幼儿会告诉你，他喜欢现在做的事情，会说类似"这很有意思"这样的话；

·在活动结束后一段时间内，幼儿会要求再次参加活动或者谈论活动开展时的情境；

·幼儿在参加活动时，很少表现出行为问题；

·幼儿以超出教师最初计划时设定的水平开展活动。

通过幼儿的以下行为，幼儿园教师就可以知道某个活动可能组织得并不成功：

·幼儿扭头看其他地方或注意力分散、目光呆滞；

·幼儿的身体不停地摇晃或活动量超出了活动的要求，无法很好地控制自己的身体，常做一些小动作；

·如果幼儿进行自我监控，那么他们会坚持很短的时间，然后投入到他们感兴趣的活动中去；

·幼儿出现越来越多的行为问题；

·在参加活动时，幼儿毫无热情（如眼睛不明亮、情绪不兴奋），会问类似这样的问题，如"我必须参加吗""什么时候我可以离开"；

·幼儿会说"这太无趣了""我早就知道怎么做这个了"。

教师在根据教育教学活动中幼儿的学习与发展状况调整和制订教育教学计划时，可以遵循以下要点和依据。

1. 调整和制订教育教学计划的要点

教师应遵循"观察在前、目标在后"的原则。分析总结上一阶段工作中的问题，开学初先观察评估本班幼儿的发展情况，根据相应年龄阶段的教育目标，确定学期计划、月计划、周计划、日计划，突出长计划、短安排。同时，观察结果的运用其实是一个动态持续、循序渐进的过程，是同步进行的过程，所以课程实施过程中教师应通过对幼儿发展进程的观察，合理适当调整计划。

2. 调整和制订教育教学计划的依据

首先，根据"以幼儿发展为本"的理念，计划要体现稳定性和灵活性相结合的原则。其次，根据"最近发展区"理论，计划要体现适宜性和挑战性相结合的原则。再次，根据"幼儿全面和谐发展"的要求，计划要体现整合性和平衡性相结合的原则。最后，根据"因材施教"的教育原则，计划制订要体现针对性和层次性相结合的原则，即为每个幼儿的健康成长提供适宜其自身发展需要的条件，为每一个幼儿的多元智能的发展创造机会。

案例4-2是教师通过对幼儿游戏表现的观察所撰写的"学习故事"，了解到幼儿数学领域"点数"能力的发展情况，并根据观察结果为幼儿制订了个别发展的教育教学计划。

案例 4-2

教师观察记录：点数"9"（中班，主题教育活动）

观察对象：瑶瑶（女，4岁10个月）

观察时间：11:10—11:30

观察目的：自选活动时，瑶瑶跟小伙伴们发现了教师的教辅材料，这些材料是教师在主题教育活动中向他们展示数字宝宝时经常使用的，她要干什么呢？

观察记录：瑶瑶先从盛放材料的盒子里取出了各种各样的卡片，将西瓜、数字、蝴蝶、糖果等卡片粘到黑板上，周围的小朋友也粘了不同种类的卡片。黑板上一片狼藉，但是瑶瑶好像在寻找一个规律，这个也是教师之前在主题教育活动中使用的，瑶瑶把数字3周边的西瓜卡片收集了一下，注重把3个西瓜放在了数字3周围。完成了这个任务之后，瑶瑶又关注到了数字9，这次瑶瑶使用了不同的方式呈现数字9，用不同的卡片来点数到数字9，但是好像出现了问题，瑶瑶用小棍子，点数着1、2、3、4、5、6……然后又重新开始，还是没有成功，瑶瑶又尝试了几次，还是没有把9个粘贴纸贴到数字9的周围。

观察记录的分析：数字9的点数对中班幼儿有一定的难度，班级里很多幼儿还做不到点数到9，但是瑶瑶已经可以完全掌握3的点数，而且对点数有很大的兴趣，以后要多关注她对数字3以上的点数，尤其是数字4和5的点数。在确定幼儿掌握了数字4和5的点数之后，教师可以制订学习更高个位数的点数计划。

观察结果的运用：随着幼儿思维、想象等认知水平的提高，精细动作的进一步发展，以及社会经验的增加，幼儿操作摆弄玩具或事物材料的能力也越来越高，4～5岁幼儿通过摆弄物体进行模仿的能力在不断提升。案例中幼儿有意模仿教师在主题教育活动中的行为表现，瑶瑶在模仿过程中的游戏表现展现了其数学点数的能力。教师通过观察发现瑶瑶能熟练完成 1、2、3 的点数，但是更高位数的点数尚不清楚，并为瑶瑶制订了更高位数点数的学习计划。教师在游戏活动中的观察记录能够为幼儿的后续教育提供全方位的信息，教师在做教育决策时以在游戏活动中观察到的结论为依据，这样能更有效地促进幼儿能力的发展。

四、运用观察结果进行家园共育

（一）为什么要运用观察结果进行家园共育

陈鹤琴先生曾说："幼稚教育是一件很复杂的事情，不是家庭一方面可以单独胜任的，也不是幼儿园一方面可以单独胜任的；必须要两个方面共同合作才能得到充分的功效。"《纲要》也同样指出，家庭是幼儿园重要的合作伙伴。教师应本着尊重、平等、合作的原则，争取家长的理解、支持和主动参与，并积极支持、帮助家长提高教育能力。

因此，幼儿园教师要把学前教育融入家庭教育之中，家园合力，共同教育。与家长分享教师的观察记录是一个很好的促进家园共育的媒介和途径，《幼儿园教师专业标准（试行）》指出：关注幼儿日常表现，及时发现和赏识每个幼儿的点滴进步，注重激发和保护幼儿的积极性、自信心。有效运用观察、谈话、家园联系、作品分析等多种方法，客观地、全面地了解和评价幼儿。因此，教师在观察记录中，对幼儿行为、作品的了解与解读可以帮助家长更好地理解幼儿的学习与发展，从多途径、多角度了解幼儿。教师也可以借助对幼儿的观察记录与专业分析，向家长解释幼儿在园发展情况，获得家长的信任，宣传科学的教育理念。研究结果表明，幼儿园与家庭分享观察记录，有助于促进关于幼儿学习经历的家庭对话，并有助于教师在幼儿园和家庭之间建立更牢固的联系。[1] 更重要的是，当孩子与父母分享教师对他们的观察记录时，他们会获得强烈的自豪感和积极的认同感。

（二）如何运用观察结果进行家园共育

教师的责任之一是以有支持性且有意义的方式与家长沟通，借助观察记录分享对幼儿发展的认识是家园沟通至关重要的部分。通过这一过程，教师与家长建立起相互信任与尊重的关系，从而真正为幼儿发展合力共育。教师为家长"打开一扇窗"，透过这扇窗，使家长能够"看见"孩子的发展。

---

[1] ALACAM N, OLGAN R. Pedagogical documentation in early childhood education: a systematic review of the Literature[J]. Likogretim Online, 2021, 20(1): 172–191.

在案例 4-3 中，教师以观察记录为载体，与家长共同促进了幼儿成长。

案例 4-3

教师观察记录：想回家的妞妞（中班，进餐区）

观察对象：妞妞（女，4 岁 10 个月）

观察时间：11:10—11:30

观察记录：妞妞是在中班上学期新加入集体的孩子。她在班上非常渴望和同伴交往，与大家一起玩，可是她总是遭到其他孩子的拒绝。中午进餐时间，孩子们都坐在餐桌旁进餐，妞妞一个人沮丧地低着头站在盥洗室的毛巾架旁，我纳闷地问："你怎么不坐下来吃饭呢？"妞妞抬起头，眼泪在眼眶打转，说："老师，他们都不跟玩，我想回家，我想妈妈！"

观察记录的分析：我了解情况后，发现是因为妞妞把自己碗里不吃的菜（虾米）放到旁边孩子的碗里，引起了其他孩子的不满。后来，我在和妞妞家长沟通的过程中了解到，妞妞在家里进餐时，遇到不喜欢吃的食物都是直接把食物放到爸爸妈妈的碗里，因为爸爸妈妈是完全接受的。这个习惯是在家中形成的，但进入幼儿园之后，孩子们不喜欢这种不讲卫生的行为，这给妞妞带来了困扰。

观察结果的应用：我通过对妞妞的观察分析，了解了影响妞妞同伴交往的原因，之后与家长进行了诚恳的沟通，并提醒家长有意识地引导妞妞改正不良的进餐习惯，以帮助妞妞更好地适应集体环境，促进妞妞健康快乐地成长。

研究表明，教师与家庭之间的一个重要合作领域是定期交流幼儿在幼儿园的学习、发展与日常生活，家长都希望能够经常看到孩子在幼儿园的活动，了解孩子的学习与发展情况。教师可以通过观察记录和学习故事的方式与家长分享对幼儿的观察结果。这里不建议采用表格勾选的形式，因为这种形式只能看到机械的表格，看不到教师与幼儿、家长的互动。幼儿的照片、视频记录等也是教师与家长分享幼儿在园生活的一种生动方式，教师也可以通过微信、QQ 等社交媒体或幼儿园专用的家园沟通平台，与家长更加轻松地分享幼儿的成长记录，这为家园共育提供了一种更加灵活的方式。教师还可以在一段时间之后，定期将观察记录里的文字、照片及作品汇集起来，为每个幼儿建立成长档案，向家长呈现幼儿的纵向发展情况。

【我来写一写】

1. 你认为有效运用观察结果有什么意义，请填在下面的空白方框中。

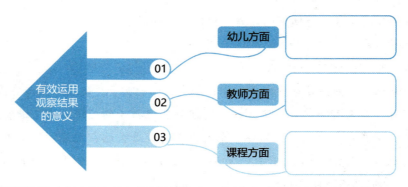

2. 下面关于有效运用观察结果的描述，你认为哪些是正确的？请在正确描述后面的圆圈内画√。

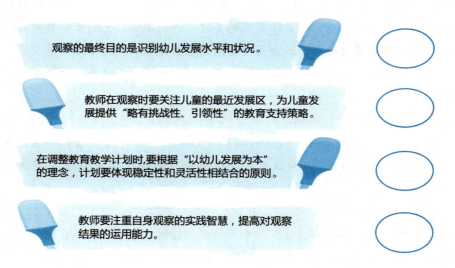

观察的最终目的是识别幼儿发展水平和状况。

教师在观察时要关注儿童的最近发展区，为儿童发展提供"略有挑战性、引领性"的教育支持策略。

在调整教育教学计划时，要根据"以幼儿发展为本"的理念，计划要体现稳定性和灵活性相结合的原则。

教师要注重自身观察的实践智慧，提高对观察结果的运用能力。

3. 下面关于有效运用观察结果调整和制订教育教学计划的要点的描述，你认为哪些是正确的？请在正确描述的词组旁边画√。

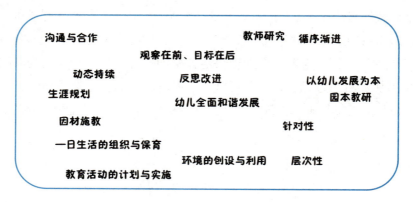

沟通与合作　　　　　　　　教师研究　循序渐进

观察在前、目标在后

动态持续　　　　反思改进　　　　以幼儿发展为本

生涯规划　　　　　　　　　　　　　　园本教研

幼儿全面和谐发展

因材施教　　　　　　　　　　针对性

一日生活的组织与保育

环境的创设与利用　层次性

教育活动的计划与实施

【我来练一练】

选取 1 份观察记录，并思考如何基于观察记录进行观察结果的运用。

第二节　学会有效运用观察结果

【我来写一写】

如果你观察到以下情况，你会如何支持幼儿学习与发展？

在分小组美术创作《大树》的过程中，北北用画笔在大家一起画出的大树轮廓中随意涂画，其他小朋友看不出他想要画什么，问他："你在画什么呀？不要乱画呀！"可是北北好像没有听见，继续拿着画笔涂抹。

我会这样做：

一、对一日生活活动的观察结果进行有效运用

（一）活动 1.1：讲故事

活动内容：请你选择一个比较有代表性的幼儿，讲述一下你是如何有效运用对该幼儿一日生活活动的观察结果的。

怎样进行活动：

1. 你可以和你的同事讲，也可以和一起参与培训或研修的小组成员讲。故事应描述出你如何有效运用对一日生活活动中的幼儿行为观察结果。

任务单 S4.1.1

我的观察故事

我是如何基于观察结果支持该幼儿的学习与发展的?

我是如何基于观察结果反思和提升自身专业化水平的?

我是如何基于观察结果调整教育教学计划的?

我是如何基于观察结果进行家园共育的?

讲述人:

---

2. 在相互讲述的过程中,请你总结在一日生活活动中有效运用观察结果的方法。

任务单 S4.1.2

我 的 总 结

---

3. 你也可以举例说明自己是如何有效运用一日生活活动中的观察结果,自己的不足之处,以及下次希望重点改进的三个方面。

任务单 S4.1.3

我的思考与改进:

1.

2.

3.

（二）活动 1.2：课堂观摩

1. 观摩目的

（1）观察 2～3 名幼儿在一日生活活动某个环节的行为表现。

（2）研讨教师如何有效运用观察结果。

2. 观摩前的准备工作

（1）经验准备

教师掌握有效运用观察结果的意义及方法。

教师掌握课堂观摩的目标、重点和难点，在观摩中的注意事项等内容。

（2）物质准备

课堂观摩工具；手机、相机等拍摄工具。

3. 观摩过程中需要使用的工具

任务单 S4.1.4		
在一日生活活动中有效运用观察结果表		
观察时间：	观察地点：	观察者：
观察对象：	班级：	带班教师：
观察目的：		
我观察的一日生活活动环节	□　入园 □　饮水 □　盥洗 □　进餐 □　如厕 □　午睡 □　整理 □　户外活动 □　离园	
我看到的幼儿，是这样的行为表现：		
我看到的教师，是这样支持了幼儿的学习过程：		
我觉得可以学习的地方： 1. 2. 3.		

续表

我觉得可以改进的地方：

1.

2.

3.

4. 注意事项

· 教师应进行有重点、有节点的观察和记录，而不是整体性观察。

· 教师在观察过程中不应干扰幼儿的学习过程。

（三）活动 1.3：案例分析

1. 案例呈现①

观察对象	子睿	年龄	4 岁	性别	男
观察者	王老师	观察时间	3 月 16 日	观察地点	自然角
观察目的	如何转移幼儿的悲伤情绪				
观察实录	子睿是本学期刚刚加入这个班的孩子，他还处在有些"分离焦虑"的调整时期。本周是子睿进入集体生活的第三周，他和小朋友、老师相处了一段时间后，焦虑的情绪基本缓解了，只是偶尔还会"想妈妈"。 今天早晨子睿较早来到了幼儿园，7 点 40 分左右他自己便慢慢地走进楼道。他看上去情绪不高，走得不紧不慢。当他抬头看到我的时候，距离我有七八米，他先是眼睛用力睁了一下，然后跑跳着就过来了，但他没有说话。我嘴里一边说着"子睿，早上好！"一边蹲了下来，与他的视线尽量齐平。我想看看他有没有流眼泪的情况。他的脸上有一丝丝"惆怅"，看来还是有些不太情愿。"子睿每次都来得很早，早睡早起真不错。对了，你还没有和我打招呼呢！"他看着我的眼睛，露出了一点点笑意，说："老师早上好！"，然后低着头径直走进了教室。 脱衣服和放书包这两件事情他没有去做，而是先在班里转了一圈，我问："你在找什么呢？"他说："老师，我的椅子呢？"我说："别着急，咱们先放好书包和外套，再去搬椅子吧。"听我这么一说，他才反应过来，自己的书包一直背着，他转头看看后背上的书包，又低头看看身上的黑色外套，忽然抬起头大声地哭了起来。我赶忙抱了抱他，让他哭了一会儿后，我询问了哭泣的原因。他小声地带着哭腔说："我有点想家，想妈妈。""我知道你现在的心情不太好，但是每个长大的孩子都要来幼儿园里玩，和小朋友们一起玩，你觉得幼儿园好玩吗？"我轻轻地和他说。此时他停止了哭泣，很肯定地说："幼儿园好玩！"听他这么一说，我赶快转移话题："是呀，幼儿园多好玩呀！

---

① 该案例在第一章第二节中已呈现，此处新增观察分析、支持策略与教学反思。

续表

观察实录	你赶快去洗手、漱口，一会儿咱们看看前两天种的小种子怎么样？"他好像想起了什么事情，放下书包和衣服就直奔自然角。子睿站在绿色种植盒前认真地看着，然后高兴地指着土里一个裂开口子的地方说："老师，老师，你快来看呀，这儿有一个小芽儿！"我走过去一看，还真是有一个刚露出头来的小芽苗。"老师，这是我之前种的那个豆子吗？"子睿认真地看着我问道。我说："是呀，就是那个豌豆种子！""哈哈，它真的发芽了！这真的是那个种子吗？"子睿一边笑着一边疑惑地自语着，此时他脸上的泪珠还没有干。 　　之后，我请他先去做完事情再来观察。他速度很快地跑跳着去叠了衣服、放了书包，轻轻搬起椅子归位。在我的提醒下，他认真洗了手、漱了口。因为子睿是最先发现豌豆出芽的孩子，于是我请他向班里的其他小朋友介绍，他很高兴地做了这件事。看着他和大家一起观察、指指点点地说着种子发芽的事情，我感到他的悲伤情绪已经"飞"走了
观察分析	子睿在刚来园时是不舍得离开家庭环境的，当他到了幼儿园以后，没有第一时间在老师面前表现出悲伤的情绪。而在进入班级之后，看到自己的书包和衣服，或许是想到妈妈给他背书包、准备衣服的样子，于是那种一直希望自己可以平复的悲伤情绪便释放了出来。此时，成人需要做的不是语言的安慰，而是能快速给予孩子温暖的抱抱，让孩子在成人的怀抱里感受到安全和温暖。当子睿释放了情绪后，不再大声地哭泣，我尝试着请他说出缘由。他的语言理解和表达能力比较好，对我也比较熟悉，所以他愿意说出哭（悲伤）的原因。 　　近期，班里开展了一些种植活动，豌豆种子是孩子们先用水浸泡两天后，再种植到土壤里的，小朋友们对这个豌豆种子印象最深。同时，我一直在引导小朋友关注种子的生长情况。子睿在参与种植活动时是很开心和兴奋的，于是我和正在悲伤情绪中的他谈起了"小种子"的话题。果然，子睿很感兴趣，他很想知道自己种下去的豆子变成什么样了。他像妈妈关心孩子那样，热切地跑去观看，而当他发现出芽的情况后，所表现出来的欣喜、开心，一下子冲淡了刚刚"悲伤"的情绪。 　　当我看到小种子的成长变化对子睿的情绪引导有了帮助后，进一步满足他在这方面的兴趣，请他和同伴分享这个好消息，支持他继续在植物生成的世界里保持愉悦的情绪
支持策略与教学反思	（1）温暖拥抱策略 　　给孩子温暖的拥抱是老师向幼儿表达"理解"的方式，让悲伤的子睿先有一个暖心的"港湾"，让他感受到来自老师的理解和接纳。 　　（2）通过观察植物生长变化转移悲伤情绪 　　子睿亲自培育豌豆芽，亲自播种到泥土中，他对小种子的成长抱有期待，我发现如果班里的活动有孩子感兴趣的，能有效地帮助他转移悲伤情绪、更快参与到班级活动中。 　　（3）和同伴分享发现的策略 　　子睿刚刚转班过来，但这个年龄段的孩子是好奇的、喜欢探索的，在有了新发现后也很愿意和同伴分享，如果老师给他这样的机会，能够帮助他更快地融入班级

2. 案例分析

（1）你认为王老师观察之后选取的教育措施能支持幼儿的学习与发展吗？为什么？

任务单 S4.1.5

（2）王老师是如何根据观察制定教育措施的？你能分析一下吗？

任务单 S4.1.6

二、对区域游戏活动的观察结果进行有效运用

（一）活动 2.1：讲故事

活动内容：请你选择一个比较有代表性的幼儿，讲述一下你是如何有效运用对该幼儿区域游戏活动的观察结果的。

怎样进行活动：

1. 你可以和你的同事讲，也可以和一起参与培训或研修的小组成员讲。故事应描述出你如何有效运用对区域游戏活动中的幼儿行为观察结果。

任务单 S4.2.1
<center>我的观察故事</center> 我是如何基于观察结果支持该幼儿的学习与发展的？ 我是如何基于观察结果反思和提升自身专业化水平的？

续表

我是如何基于观察结果调整教育教学计划的？
我是如何基于观察结果进行家园共育的？
讲述人：

2. 在相互讲述的过程中，请你总结在区域游戏活动中有效运用观察结果的方法。

任务单 S4.2.2

我 的 总 结

3. 你也可以举例说明自己是如何有效运用区域游戏活动中的观察结果，自己的不足之处，以及下次希望重点改进的三个方面。

任务单 S4.2.3

我的思考与改进：

1.

2.

3.

（二）活动 2.2：课堂观摩

1. 观摩目的

（1）观察 2～3 名幼儿在区域游戏活动中的行为表现。

（2）研讨教师如何有效运用观察结果。

2. 观摩前的准备工作

（1）经验准备

教师掌握有效运用观察结果的意义及方法。

教师掌握课堂观摩的目标、重点和难点，在观摩中的注意事项等内容。

（2）物质准备

课堂观摩工具；手机、相机等拍摄工具。

3. 观摩过程中需要使用的工具

任务单 S4.2.4

<table>
<tr><td colspan="3">在区域游戏活动中有效运用观察结果表</td></tr>
<tr><td>观察时间：</td><td>观察地点：</td><td>观察者：</td></tr>
<tr><td>观察对象：</td><td>班级：</td><td>带班教师：</td></tr>
<tr><td colspan="3">观察区域：□美工区　□阅读区　□表演区　□建构区　□益智区　□其他区：＿＿＿＿＿＿</td></tr>
<tr><td>活动过程</td><td>幼儿学习过程中的行为描述</td><td>教师支持幼儿学习过程的行为描述</td></tr>
<tr><td>产生兴趣阶段</td><td></td><td></td></tr>
<tr><td>开始操作阶段</td><td></td><td></td></tr>
<tr><td>专心致志阶段</td><td></td><td></td></tr>
<tr><td>完成活动阶段</td><td></td><td></td></tr>
<tr><td rowspan="2">观察反思</td><td>我认为值得学习的地方</td><td>我认为可以改进的地方</td></tr>
<tr><td>1.

2.

3.</td><td>1.

2.

3.</td></tr>
</table>

（三）活动 2.3：案例分析

1. 案例呈现

看！我设计的纸袋

观察时间：4 月 4 日

观察者：王老师

观察对象：芯芯

观察地点：美工区

观察实录：

　　刚刚点完名字，孩子们都高兴地去插区卡。我和刘老师正在调整美工区的展示墙面，便坐在了美工区里。此时，芯芯和熹玥搬着小椅子来到了这里，和我们打了声招呼后，开始各自寻找材料。芯芯先拿来了两张粉色的 A4 纸，在两边折叠着，一会儿就让两张纸折叠在了一起。我正想问她做的是什么，她很熟练地拿来了胶棒，把两张纸的折叠处粘贴牢固。看着她认真的样子，我没有打扰她，便在一旁默默地观察。芯芯看着粘贴好的作品，皱着眉头在想着什么。这时，熹玥走过来问："你怎么不做了？"芯芯说："我在想这个纸袋子在什么地方打孔比较合适？"熹玥说："那肯定是在袋子的上面，之前都是这么做的。"芯芯笑着说："那就这么办吧。"她很快在美工区的格子里找到了订书器，订了一个孔后她停了下来，用手在纸袋子的上方比画了两下，直到确定了距离，才放心地订上第二个孔。芯芯拿起小袋子对我说："王老师，你看我要做一个漂亮的袋子。"我说："你一定会做一个最漂亮的，加油吧！"芯芯把美工区里找到的亮片儿、羽毛、小贝壳等都依次粘贴在了她的纸袋上。这时，她发现在桌子垫下有一个圆标，便开心地说："王老师，我可以用这个吗？""当然可以啦！"我告诉她。于是，她把小圆标放在了纸袋的中间，还用毛根儿围拢成了心形。

　　当芯芯把纸袋子的两个面都装饰好以后，她选择了紫色的毛线绳，并对着纸袋仔细地看了看，比对好长度后，芯芯用剪刀剪出了两根长短一样的绳子。在系绳子时，她反复尝试，但还是系不出来。"王老师，您能帮帮我吗？我想把这个绳子系好。"芯芯走到我身边说。我帮她把两根线绳穿好了，芯芯开心地说："谢谢王老师！您看，我的纸袋子漂亮吗？"我赶快拿出相机为她拍了一张照片。

观察分析：

　　芯芯在半个小时的区域游戏中，一直都在专注地做一件自己喜欢的事情——制作漂亮的纸袋。芯芯从活动的开始就有着明确的目的，在选择材料、使用工具方面也很熟练，她是美工区的"小能手"。从今天的制作过程中我发现，芯芯不仅是一个独立的纸袋设计者，还是一个很有创意的小作者。从她发现"圆标"时，我开始关注她在纸袋上的装饰构图。我看到纸袋两边对称的白色纸块上用小贝壳装饰的小花，看到了纸袋下侧紫色羽毛"张开"的造型，还有用"圆标"组成的心形花朵。这样对称又有着美感和寓意的作品是不多见的。芯芯是一个沉浸在完成自己计划中的孩子，她能把很多美术材料运用到纸袋上，并且懂得寻求成人的意见和帮助。她这样的操作能力正是自主学习的表现。

支持策略：

在今天的活动中，我看到了芯芯很有计划性和行动力，看到了芯芯具有较强的创造性，能设计创作出富有美感的纸袋。在以后的活动中，一些具有装饰性的环境、墙面调整可以询问芯芯的想法，倾听孩子的声音，真正做到根据孩子们的想法来创设班级环境。同时，可以让芯芯在今后的美术活动中发挥更多的榜样作用，成为同伴们的合作者。

（北京市大兴区第十一幼儿园，王春静）

2. 案例分析

（1）你认为王老师观察之后选取的教育措施能支持幼儿的学习与发展吗？为什么？

任务单 S4.2.5

（2）王老师是如何根据观察制定教育措施的？你能分析一下吗？

任务单 S4.2.6

三、对综合主题活动的观察结果进行有效运用

（一）活动 3.1：讲故事

活动内容：请你选择一个比较有代表性的幼儿，讲述一下对于综合主题活动你是如何有效运用观察结果的。

怎样进行活动：

1. 你可以和你的同事讲，也可以和一起参与培训或研修的小组成员讲。故事应描述出你如何有效运用对综合主题活动中的幼儿行为观察结果。

任务单 S4.3.1
我的观察故事
我是如何基于观察结果支持该幼儿的学习与发展的？
我是如何基于观察结果反思和提升自身专业化水平的？
我是如何基于观察结果调整教育教学计划的？
我是如何基于观察结果进行家园共育的？
讲述人：

2. 在相互讲述的过程中，请你总结在综合主题活动中有效运用观察结果的方法。

任务单 S4.3.2
我 的 总 结

3. 你也可以举例说明自己是如何有效运用综合主题活动中的观察结果，自己的不足之处，以及下次希望重点改进的三个方面。

任务单 S4.3.3
我的思考与改进： 1. 2. 3.

（二）活动 3.2：课堂观摩

1. 观摩目的

（1）观察 2～3 名幼儿在综合主题活动中的行为表现。

（2）研讨教师如何有效运用观察结果。

2. 观摩前的准备工作

（1）经验准备

教师掌握有效运用观察结果的意义及方法。

教师掌握课堂观摩的目标、重点和难点，在观摩中的注意事项等内容。

（2）物质准备

课堂观摩工具；手机、相机等拍摄工具。

3. 观摩过程中需要使用的工具

任务单 S4.3.4	
在综合主题活动中有效运用观察结果表	
活动主题	
活动对象	
活动目标	
活动重点	
活动准备	

续表

活动过程	幼儿典型行为表现	教师支持策略
产生兴趣阶段		
主动体验阶段		
深度探究阶段		
分享合作阶段		
联想创意阶段		
分析观察结果	我是这样分析幼儿的行为的：	我是这样分析教师的支持的：

（三）活动 3.3：案例分析

1. 案例呈现

　　在综合主题活动"我是花木兰"中，豆豆一边轻轻地翻阅图画书，一边看着卷轴，眼睛在图画书和卷轴之间来回不断地打量着，程程画了一把宝剑激动地对他说："豆豆，你快看我的宝剑！"豆豆盯着程程做的宝剑说："你的宝剑上还有图案呢！"老师问："豆豆，你做的是什么呀？"他回答道："老师，我还没有做好呢！"之后继续拿着超轻黏土操作了起来。

　　分析：豆豆在深度探究环节的学习行为——坚持性、集中注意力上处于水平二。

　　教育策略：面对豆豆的行为表现，为支持豆豆的进一步学习与发展，教师可以使用制订计划表、引导幼儿讨论的策略，来支持幼儿专注于活动，并且根据活动任务目标，完成任务上升到高一级的水平。具体指导策略如下：（1）在活动开始前，教师可以引导豆豆制订计划表，将成果物的制作步骤和相应要求列出来，使豆豆更加明确活动的目标。（2）教师根据豆豆的表现进行提问，与豆豆进行讨论，在讨论中支架豆豆完成目标。

　　一组的丽丽走上台来，一边用手指着画卷上他们组完成的区域，一边开心地面向全体幼儿说："大家好，这块是我们一组做的，这是在打仗的花木兰，我们用橡皮泥先给她做了头发，之后做了脸，最后做了衣服，还有她骑的大马。谢谢大家。"说完便回到了自己的座位上。

　　分析：丽丽在分享合作环节的学习行为——分享合作、交流上处于水平三。

　　教育策略：面对丽丽的行为表现，为支架丽丽的进一步学习与发展，教师可以使用氛围营造策略、成果拆分策略、经验唤醒策略来支持幼儿上升到高一级的水平。具体指导策略如下：首先，教师可以尝试在丽丽主动分享完制作过程之后，说："哇，看你的花木兰，太酷了，还有马儿！"，带动全班幼儿为丽丽鼓掌。其次，教师可以尝试蹲在丽丽身边，微笑着说："丽丽，你能向大家介绍一下你们组制作的外出打仗的花木兰由哪几部分组成的吗？"（教师边说要边用手依次指向一组做的花木兰。）最后，教师要期待着看向丽丽，并说："丽丽，你记不记得你们组在完成外出打仗的花木兰的时候克服了哪些困难呀？"

2. 案例分析

（1）你认为案例中的老师在观察之后选取的教育措施能支持幼儿的学习与发展吗？为什么？

任务单 S4.3.5

（2）案例中的老师是如何根据观察进行制定教育措施的？你能分析一下吗？

任务单 S4.3.6

四、对早期阅读活动的观察结果进行有效运用

（一）活动 4.1：讲故事

活动内容：请你选择一个比较有代表性的幼儿，讲述一下你是如何有效运用对该幼儿早期阅读活动的观察结果的。

怎样进行活动：

1. 你可以和你的同事讲，也可以和一起参与培训或研修的小组成员讲。故事应描述出你如何有效运用对早期阅读活动中的幼儿行为观察结果。

任务单 S4.4.1

我的观察故事

我是如何基于观察结果支持该幼儿的学习与发展的？

我是如何基于观察结果反思和提升自身专业化水平的？

我是如何基于观察结果调整教育教学计划的？

我是如何基于观察结果进行家园共育的？

讲述人：

---

2. 在相互讲述的过程中，请你总结在早期阅读活动中有效运用观察结果的方法。

任务单 S4.4.2

我 的 总 结

---

3. 你也可以举例说明自己是如何有效运用早期阅读活动中的观察结果，自己的不足之处，以及下次希望重点改进的三个方面。

任务单 S4.4.3

我的思考与改进：

1.

2.

3.

（二）活动 4.2：课堂观摩

1. 观摩目的

（1）观察 2～3 名幼儿在早期阅读活动中的行为表现。

（2）研讨教师如何有效运用观察结果。

2. 观摩前的准备工作

（1）经验准备

教师掌握有效运用观察结果的意义及方法。

教师掌握课堂观摩的目标、重点和难点，在观摩中的注意事项等内容。

（2）物质准备

课堂观摩工具；手机、相机等拍摄工具。

3. 观摩过程中需要使用的工具

任务单 S4.4.4

<table>
<tr><td colspan="3" align="center">在早期阅读活动中有效运用观察结果表</td></tr>
<tr><td>观察时间：</td><td>观察地点：</td><td>观察者：</td></tr>
<tr><td>观察对象：</td><td>班级：</td><td>带班教师：</td></tr>
<tr><td>图画书名称及
简介</td><td colspan="2"></td></tr>
<tr><td>活动过程</td><td>幼儿学习过程中的行为描述</td><td>教师支持幼儿学习过程的行为描述</td></tr>
<tr><td>听一听环节</td><td></td><td></td></tr>
<tr><td>想一想环节</td><td></td><td></td></tr>
<tr><td>说一说环节</td><td></td><td></td></tr>
<tr><td>用一用环节</td><td></td><td></td></tr>
</table>

续表

观察反思	我认为可以这样应用观察结果： 1. 2. 3.

（三）活动 1.3：案例分析

1. 案例呈现①

观察对象	欣欣	年龄	4 岁	性别	女
观察者	赵老师	观察时间	4 月 2 日	观察地点	图书区
观察目的	为什么孩子只看这几本书？				
观察实录	欣欣在阅读区自主阅读图画书《好朋友》《刷牙》，她一直在反复看这两本书。我走过去拿起一本《菲菲生气了》轻声阅读起来，欣欣问："你看的什么呀？"我指着书名告诉她："这本书的名字叫《菲菲生气了》。""那我们能一起看吗？"她问。"当然可以"，我说，"那我继续读？""嗯，好的。"她凑近我说。 　我们一起阅读完这本书后，我跟她说："你在看什么？你能给我讲讲吗？""可以。"她仰着头说，于是开始给我讲《刷牙》这本书。她一边手指着汉字，一边读着，其中有不认识的字就会停下来，问我："这个念什么？"，我告诉她正确的读音，她就会继续读。读完全本之后，我问她："欣欣平时是怎么刷牙的呢？""就像这样，那些牙刷妈妈帮我一点一点的刷。"她一边演示一边说。"那用牙刷刷完之后是怎么漱口的呢？"我又问，她说："就像这样，咕嘟咕嘟。"我肯定她说："特别棒，跟小熊一样呢！"她笑着。随后，我指着《好朋友》和《刷牙》问她："欣欣，你为什么一直只看两本呢？"她说："因为我们家也有小熊宝宝系列的书，不过都是给小宝宝看的了，我要留给妹妹看。" 　我笑着肯定她并说："你觉得我刚才读的那本好看吗？要不要再试试看别的书？"她想了想："嗯，好。"于是拿起《菲菲生气了》开始尝试阅读				
观察分析	起初欣欣反复看这两本书时，可能是只对这两本感兴趣，我加入进来时并没有马上打断她的自主阅读，而是选择自行阅读，我的加入吸引了她的注意力，她开始关注老师阅读的图画书，老师绘声绘色地讲读图画书，使她产生了对新图画书的兴趣，因此后面再提问要不要尝试新的图画书时，她选择愿意尝试。 　从倾听者变成朗读者，这种角色变换使她产生新鲜感，并增加了自信，通过她的指读，可以了解到欣欣在家中有识字基础，并且有一定的识字量，遇到问题时善于思考与提问。我也了解到她只愿意选择这一系列图画书的原因				
支持策略	（1）充分鼓励引导幼儿选择不同的图画书，增加阅读量，培养幼儿良好的阅读习惯。 （2）与家长沟通幼儿在园情况，在家中增加亲子阅读时间，不以认字为目的，而是感知故事内容、表达对故事的理解等多种目标。多鼓励幼儿思考；家长也可以用与孩子平行阅读的方式，鼓励孩子接触丰富多样、不同类型的图画书				

---

① 该案例在第二章第二节中已呈现，此处新增观察分析、支持策略。

2. 案例分析

（1）你认为赵老师观察之后选取的教育措施能支持幼儿的学习与发展吗？为什么？

> **任务单 S4.4.5**
>
>

（2）赵老师是如何根据观察制定教育措施的？你能分析一下吗？

> **任务单 S4.4.6**
>
>

【我来写一写】

如果你观察到以下情况，你会如何支持幼儿学习与发展？

在分小组美术创作《大树》的过程中，北北用画笔在大家一起画出的大树轮廓中随意涂画，其他小朋友看不出他想要画什么，问他：你在画什么呀？不要乱画呀！可是北北好像没有听见，继续拿着画笔涂抹。

我会这样做：

【我来练一练】

在幼儿园进行观察并基于观察结果加以运用，并说一说你运用的整个过程并进行分析。

第三节　反思自身是否能够有效运用观察结果

【我来写一写】

1. 运用观察结果的意义有哪些呢？请写出 3 个。

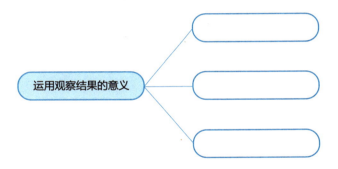

2. 请你根据自己的理解和认识，回答以下三个问题。

如何运用观察结果来支持幼儿的学习与发展？	如何运用观察结果来进行教学反思和研究，提升自身专业化水平？	如何运用观察结果来调整和制订教育教学计划？
＿＿＿＿＿＿＿＿	＿＿＿＿＿＿＿＿	＿＿＿＿＿＿＿＿
＿＿＿＿＿＿＿＿	＿＿＿＿＿＿＿＿	＿＿＿＿＿＿＿＿

一、反思是否理解观察结果的运用

在学习了本章内容后，请以小组为单位或与身边一同学习的伙伴围绕以下要点展开讨论并进行记录。

任务单 F4.1.1	
讨论要点	反思记录
1. 关于观察结果可以运用在哪些方面，你印象最深的两点是什么？	1. 2.
2. 关于如何进行观察结果的运用，你印象最深的是什么？	
3. 请基于你的 1 份观察记录，通过对其进行分析，加以运用	观察记录： 观察结果的分析： 观察结果的运用：

二、反思是否有效运用了观察结果

（一）反思是否有效运用一日生活活动的观察结果

在学习了关于如何对一日生活活动的观察结果进行有效运用之后，请以小组为单位或与身边一同学习的伙伴围绕以下要点展开讨论并进行记录。

任务单 F4.2.1

讨论要点	反思记录
1. 你觉得在一日生活活动中的观察结果可以用来做什么？请写出三点	1. 2. 3.
2. 你觉得在一日生活活动中重点观察幼儿的内容是什么？请写出三点	1. 2. 3.
3. 你觉得在一日生活活动中便于使用的观察记录方法是什么？并写出原因	1. 2. 3.
4. 你觉得在一日生活活动中运用观察结果的困难是什么？	1. 2.

（二）反思是否有效运用区域游戏活动的观察结果

在学习了关于如何对区域游戏活动的观察结果进行有效运用后，请以小组为单位或与身边一同学习的伙伴围绕以下要点展开讨论并进行记录。

任务单 F4.2.2

讨论要点	反思记录
1. 你觉得在区域游戏活动中观察幼儿的目的是什么？请写出三点	1. 2. 3.
2. 你觉得在区域游戏活动中重点观察幼儿的内容是什么？请写出三点	1. 2. 3.
3. 你觉得在区域游戏活动中便于使用的观察记录方法是什么？并写出原因	1. 2. 3.
4. 你觉得在区域游戏活动中运用观察结果的困难是什么？	1. 2.

（三）反思是否有效运用综合主题活动的观察结果

在学习了关于如何对综合主题活动的观察结果进行有效运用后，请以小组为单位或与身边一同学习的伙伴围绕以下要点展开讨论并进行记录。

任务单 F4.2.3

讨论要点	反思记录
1. 你觉得在综合主题活动中观察幼儿的目的是什么？请写出三点	1. 2. 3.
2. 你觉得在综合主题活动中重点观察幼儿的内容是什么？请写出三点	1. 2. 3.
3. 你觉得在综合主题活动中便于使用的观察记录方法是什么？并写出原因	1. 2. 3.
4. 你觉得在综合主题活动中运用观察结果的困难是什么？	1. 2.

（四）反思是否有效运用早期阅读活动的观察结果

在学习了关于如何对早期阅读活动的观察结果进行有效运用后，请以小组为单位或与身边一同学习的伙伴围绕以下要点展开讨论并进行记录。

任务单 F4.2.4

讨论要点	反思记录
1. 你觉得在早期阅读活动中观察幼儿的目的是什么？请写出三点	1. 2. 3.
2. 你觉得在早期阅读活动中重点观察幼儿的内容是什么？请写出三点	1. 2. 3.
3. 你觉得在早期阅读活动中便于使用的观察记录方法是什么？并写出原因	1. 2. 3.
4. 你觉得在早期阅读活动中运用观察结果的困难是什么？	1. 2.

【我来写一写】

1. 运用观察结果的意义有哪些？请写出三个。

2. 请你根据自己的理解和认识，回答以下三个问题。

如何运用观察结果来支持幼儿的学习与发展？	如何运用观察结果来进行教学反思和研究，提升自身专业化水平？	如何运用观察结果来调整和制订教育教学计划？

【我来练一练】

思考如何基于观察记录，对观察记录加以运用转化成教育教学计划，并撰写 1 份教育教学活动方案。

【选一选】

在学习本章内容之后，请你再次回顾以下问题，在认为最符合自己情况的方框内画√。

项目	不符合	基本不符合	一般	基本符合	非常符合
1. 我清楚有效运用观察结果对幼儿发展的意义					
2. 我清楚有效运用观察结果对教师发展的意义					
3. 我清楚有效运用观察结果对课程建设的意义					
4. 我能够通过观察结果关注到幼儿的最近发展区并支持幼儿发展					
5. 我能够运用观察结果反思自己的专业化水平					
6. 我能够运用观察结果促进与家长的沟通					
7. 我能够有效运用观察结果调整教学计划					
8. 我能够有效运用观察结果安排幼儿的一日生活					

【我走到了这里】

亲爱的老师，我们本章内容的学习结束了。学习本章内容之后，请你再次思考以下问题，并在认为最符合自己情况的方框内画√，看一看你走到了哪里。

项目	不符合	基本不符合	一般	基本符合	非常符合
1. 我清楚有效运用观察结果对幼儿发展的意义					
2. 我清楚有效运用观察结果对教师发展的意义					
3. 我清楚有效运用观察结果对课程建设的意义					
4. 我能够通过观察结果关注到幼儿的最近发展区并支持幼儿发展					
5. 我能够运用观察结果反思自己的专业化水平					
6. 我能够运用观察结果促进与家长的沟通					
7. 我能够有效运用观察结果调整教学计划					
8. 我能够有效运用观察结果安排幼儿的一日生活					

【拓展阅读】

[1]董旭花.幼儿园自主游戏观察与记录：从游戏故事中发现儿童[M].北京：中国轻工业出版社，2021.

该书收录了37篇幼儿园游戏故事，每一个游戏故事都由三个部分组成：一是教师对幼儿游戏活动的客观、具体描述，也就是"学习故事"中强调的"注意"部分；二是教师对幼儿游戏行为的解读，也就是"学习故事"中强调的"识别"部分，这是教师运用专业知识进行理性分析的部分；三是回应策略，也就是"学习故事"中强调的"回应"部分，即教师面对幼儿行为时思考后面该如何做，以更好地支持幼儿的发展，这部分很好地体现了教师可以如何有效运用观察结果。

[2]柯蒂斯，卡特.观察的艺术：观察改变幼儿园教学[M].郭琼，万晓艳，译.南京：南京师范大学出版社，2018.

该书首先对儿童的学习阶段进行了综述，接着按照不同的学习阶段，以儿童的视角观察儿童的心理，观察儿童如何运用感官，观察儿童如何探索、发明和建构，观察儿童如何与自然界联系，观察儿童如何获得力量和寻求探险，观察儿童对绘画的热情，观察儿童如何形成关系和解决冲突，观察儿童及其家庭，并讨论了不同阶段的观察。最重要的是，该书以平实的语言传递给读者一个重要的信息：观察是一门足以改变幼儿园教学的艺术。